Gutjahr | Waldvögel

Anderen Vogelarten gelang es kaum oder gar nicht, sich den veränderten Strukturen in der Umwelt anzupassen, geschweige denn diese für sich als neue Lebensräume zu erschließen. Stattdessen zogen sie sich verstärkt in Bereiche/Regionen zurück, welche zumindest noch annähernd einen urwaldähnlichen Zustand aufwiesen. Diese Vögel werden als Kulturflüchter bezeichnet. Zu ihnen gehören beispielweise das Auerhuhn *(Tetrao urogallus)* und der Schwarzstorch *(Ciconia nigra)*.

Die Klassifizierung als Kulturflüchter oder Kulturfolger stellt allerdings nichts Statisches dar. Im Gegenteil, in der Vergangenheit gab es mehrere Beispiele, dass im Zuge von anthropogenen oder sonstigen Einflüssen Kulturflüchter zu Kulturfolgern wurden, beziehungsweise eine umgekehrte Entwicklung stattfand. Wenn eine Art keinem Feinddruck mehr durch den Menschen ausgesetzt ist und/oder sie neue/zusätzliche Nahrungsquellen erschließen kann, ist ein solcher Wandel durchaus möglich. Nicht selten geht ein solcher Wandel sogar in relativ kurzer Zeit vonstatten. Ein Paradebeispiel hierfür ist die Amsel (*Turdus merula)*. Noch zu Zeiten des „Tiervaters" Alfred Brehm, also vor etwa 160–170 Jahren, galt sie als einer der scheuesten Bewohner des Waldes. Inzwischen hat sich die Amsel zu einem „kleinen Rüpel" gemausert, der sich zahlreich in Parks sowie Hausgärten angesiedelt hat. Parallel zu ihrer Entwicklung als Kulturfolger reduzierte die Amsel ihre natürliche Fluchtdistanz. Gegenwärtig hüpfen Amseln oftmals derartig dicht vor den Füßen von Menschen herum, dass diese ihnen sprichwörtlich auf den Schwanz treten könnten.

In der Vergangenheit kreierten die Menschen für alle in Mitteleuropa lebenden Vogelarten Populärbezeichnungen. Allerdings lässt sich aus diesen Populärnamen oftmals nicht mehr auf die einstigen Verbreitungsgebiete dieser Vögel schließen. Stattdessen nehmen die Bezeichnungen häufig Bezug auf die vom Menschen neu geschaffenen Umweltstrukturen, wie etwa beim TURMfalken *(Falco tinnunculus)*, der FELDlerche *(Alauda arvensis)* und dem HAUSsperling (*Passer domesticus)*. Mitunter können solche Populärnamen, wie etwa beim Gartenrotschwanz (*Phoenicurus phoenicurus*) oder der Gartengrasmücke *(Sylvia borin)*, sogar zu Irritationen führen, weil viele Menschen annehmen, dass die betreffenden Vögel nicht im Wald, sondern nur noch in Gärten, respektive Ortschaften vorkommen.

Die Amseln, hier ein in einer Ortschaft nistendes Weibchen, haben sich in den letzten 160–170 Jahren zu „kleinen Rüpeln" gemausert.

Lebensraum Wald

Einst waren große Bereiche Mitteleuropas von Urwäldern bedeckt. Darunter versteht man völlig unerschlossene Gebiete, die in keiner Weise vom Menschen beeinflusst worden sind. Diesen Typ Wald gibt es fast nicht mehr beziehungsweise existiert er nur noch ansatzweise in einigen äußerst kleinflächigen Schutzgebieten. Stattdessen handelt es sich bei der fast 100%igen Mehrheit der gegenwärtigen Wälder um forstwirtschaftlich genutzte Flächen.

Diese werden ganz grob in Nadel-, Misch- und Laubwälder unterteilt, wobei man die von Wasser stark beeinflussten Auenwälder als Spezialtyp des Laubwaldes sieht.

Nicht zuletzt aufgrund ihrer speziellen Pflanzenzusammensetzung herrschen wechselnde Umweltbedingungen vor. Manche Vogelarten, die man als Generalisten bezeichnet, sind so anpassungsfähig, dass sie sich unter nahezu allen Bedingungen gut zurechtfinden und deshalb jeden Waldtyp als Lebensraum nutzen können. Andere wiederum benötigen sehr spezielle Voraussetzungen, um sich anzusiedeln. Einen solchen Spezialisten verkörpert beispielsweise der Fichtenkreuzschnabel (*Loxia curvirostra*), der unbedingt Fichten- oder Tannenwälder als Lebensraum benötigt. Aus evolutionärer Sicht betrachtet, sind derartige Spezialisten fast immer im Nachteil, denn wenn ihre besonderen Lebensräume aus welchen Gründen auch immer erlöschen, sind sie nicht in der Lage, erfolgreich in andere Biotope auszuweichen.

Im weiteren Sinn kann man auch direkt angrenzende Landschaftsbestandteile, wie Streuobstflächen sowie naturnahe Wiesen und Weiden, zum Wald rechnen, weil diese von zahlreichen Waldvögeln in ihren Lebensraum integriert werden. Beispielsweise nutzen Waldkäuze (*Strix aluco*) oftmals solche angrenzenden Bereiche, um Mäuse zu jagen.

Bei fast allen Wäldern in Mitteleuropa handelt es sich um forstliche Flächen, auf denen Nutzholz produziert wird.

Nadelwald.

Mischwald. In diesem Waldtyp herrscht ein weitgehend ausgeglichenes Verhältnis zwischen Nadel- und Laubbäumen.

Saum eines Laubwaldes.

Auenwälder stellen einen Spezialtyp des Laubwaldes dar.

Landschaftsbestandteile, wie diese in Waldnähe befindliche Streuobstwiese, kann man im weiteren Sinne noch zum Wald rechnen.

In gewisser Weise ähneln Wälder Ackerflächen, auf denen Bäume angebaut werden.

In gewisser Weise ähneln die meisten Wälder einer Ackerfläche, nur dass in ihnen keine Rüben oder Getreidearten, sondern Bäume angebaut werden, die nach vielen Jahren der Pflege Nutzholz liefern sollen. Parallel zu dieser Kultivierung der Bäume siedeln sich (normalerweise ohne menschliches Zutun) auf den forstlichen Flächen zahlreiche weitere Pflanzen an, wie beispielsweise Moose, Pilze, Flechten und Sträucher. Dadurch entsteht in den Wäldern ein Schichtaufbau.

Die unterste Schicht setzt sich vorwiegend aus Moosen, Flechten und Pilzen zusammen. Diese wird gewöhnlich von einer zweiten, aus Kräutern, Farnen und Gräsern bestehenden Schicht überragt. Über dieser thronen wiederum die Sträucher, die sich als sogenanntes Unterholz unter den Bäumen etabliert haben.

Jede dieser Schichten bietet zahlreiche ökologische Nischen, in denen sich im Verlauf der Evolution einige (Vogel)Arten so angepasst haben, dass sie die Besonderheiten des jeweiligen Lebensraumes zu ihrem Vorteil nutzen. Indem alle Bereiche und die darin vorhandenen Ressourcen genutzt werden, wird der Konkurrenzdruck zwischen den einzelnen Arten erheblich verringert.

Umweltfaktoren, denen die Waldvögel ausgesetzt sind

In ihren jeweiligen Lebensräumen (somit auch im Wald) sind die Vögel dem Einfluss zahlreicher abiotischer und biotischer Einflussfaktoren ausgesetzt. An diese haben sie sich im Verlauf der Evolution angepasst oder sie wurden von der Natur ausgemerzt, wenn ihnen das nicht gelang.

Zu den wichtigsten Einflussfaktoren gehört das Klima, das den jahreszeitlichen Wandel in der Natur mit Temperaturunterschieden, Niederschlägen und Luftfeuchtigkeit sowie variierenden Tag- beziehungsweise Nachtlängen umfasst. Letztere beeinflussen unter anderem die fotosynthetischen Leistungen der

Pflanzen, die wiederum als Nahrungsquelle, Schattenspender, Sichtschutz und Brutstätte fungieren.

Fast alle Vögel haben sich mit dem Klima in der Weise „arrangiert". So bringen sie beispielsweise ihren Nachwuchs im Frühjahr zur Welt, also in einer Zeit, in der nicht nur klimatisch vorteilhafte Bedingungen vorherrschen. Außerdem ist dann meist auch ein reichhaltiges Nahrungsangebot vorhanden, das zur schnellen und gesunden Aufzucht der Jungen erforderlich ist.

Als ein weiterer, ungemein wichtiger Einflussfaktor hat sich das Vorhandensein von sauberem Wasser erwiesen, beispielsweise in Form von Waldbächen, -seen und -tümpeln. Das darin vorhandene Wasser wird nicht nur als Tränk-, sondern auch als Bademöglichkeit (und somit zur Körperhygiene) genutzt. Theoretisch könnten die meisten mitteleuropäischen Vögel auch sehr große Entfernungen fliegend zurücklegen, um an Wasser zu gelangen, aber das würde zu viel Zeit und Energie kosten, die beispielsweise nicht für die Fütterung und Betreuung (unter anderem zum Hudern des Nachwuchses) zu Verfügung stünde.

Einen nächsten Einflussfaktor stellt die Geländebeschaffenheit und -struktur dar. Beispielsweise nutzen manche bodenbrütenden Arten natürliche Senken als Basisnistmulden. Andere, wie etwa der Uhu (*Bubo bubo*), wählen oft Nischen in Felswänden als Brutstätten aus, weil dort ihre Gelege und Jungen vor den Zugriffen zahlreicher potenzieller Feinde sicher sind.

Auch der Waldboden hat großen Einfluss auf das Leben vieler Vögel. Er enthält nicht nur zahlreiche Nahrungsbestandteile, wie etwa Regenwürmer, sondern er liefert manchen Vögeln auch Erdreich, welches diese als Nestbaumaterial verwenden.

Zu den biotischen Einflussfaktoren gehört in erster Linie die Konkurrenz durch arteigene und artfremde Individuen. Im Rahmen dieses Konkurrierens geht es vor allem um Nahrung, Paarungspartner sowie Reviere inklusive der darin befindlichen Brutplätze.

Des Weiteren gehören zu diesen Einflussfaktoren der Druck durch Krankheiten und Fressfeinde. Je mehr potenzielle Fressfeinde in einem Lebensraum sind, desto ungünstiger erweist er sich für die betreffende Art. Zu den Fressfeinden gehören einerseits Arten, deren Nahrung sich zu einem großen Teil aus Vögeln rekrutiert und die deshalb gezielt Jagd auf diese machen, wie etwa der Habicht (*Accipiter gentilis*). Anderseits können Vögel beziehungsweise ihre Gelege und Nestlinge Opfer von „zufälligen" Fressfeinden werden. Ein Beispiel hierfür ist der Igel, der nicht gezielt nach Vogelnestern von Bodenbrütern sucht, diese aber trotzdem plündert, wenn er sie bei seinen Streifzügen zufälligerweise findet.

Der Igel gehört zu den „zufälligen" Fressfeinden von bodenbrütenden Arten.

Männchen

Amsel

Turdus merula

Größe: 25 – 26 cm

Familie: Drosseln, Turdidae

Verbreitungsgebiet: Von den Azoren über große Teile Europas und Sibiriens bis nach China, Nordafrika und in den Vorderen Orient. Außerdem in Australien und Neuseeland durch den Menschen eingeschleppt.

Hauptnahrung: Würmer, Spinnen, Insekten, Asseln, Schnecken; ferner junge Lurche und Kriechtiere, Mäuse und Spitzmäuse, Obst und Samen

Brutzeit: April – Juli

Brutdauer in Tagen: 14

Eier pro Gelege: 4 – 5

Bruten pro Jahr: 2 – 3

Gesang

Bei der Amsel, die gelegentlich auch als Schwarzdrossel oder Merle bezeichnet wird, ist ein deutlicher Geschlechtsdimorphismus vorhanden. Die Männchen, die man umgangssprachlich auch Amselhähne nennt, besitzen ein rein schwarzes Gefieder. Im Unterschied dazu weisen die Weibchen an Kopf und Rücken eine mittelbraune Färbung auf. Ihre Kehle und Brust sowie der Bauch sind ein wenig heller und von kleinen dunklen Flecken überzogen.

Ursprünglich war die Amsel ein klassischer Waldvogel (vor allem von Misch- und Laubwäldern). Aufgrund ihrer enormen Anpassungsfähigkeit konnte sich die Amsel in den letzten 170 Jahren auch in zahlreichen anderen Lebensräumen, wie etwa in Parks und Gärten sowie auf alten Friedhöfen und Obstplantagen, dauerhaft etablieren. Diese Anspruchslosigkeit dokumentiert sich unter anderem bei der Wahl des Nistplatzes. Als Freibrüter wird das Nest zwar zumeist in Sträuchern oder auf nicht allzu hohen Bäumen errichtet, aber manchmal wählen die Vögel auch einen locker aufgeschichteten Reisighaufen, den Erdboden oder in Gärten eine Gießkanne als Brutquartiere.

Im Frühjahr besetzen die Amselhähne (Brut-)Reviere, die sie gegen männliche Artgenossen verteidigen. Trotzdem gehören sie nicht in die Kategorie der „Raufbolde“, sondern sind vielmehr bestrebt, mit ihrem Gesang Nebenbuhler fernzuhalten. Gleichzeitig dient dieser Gesang wie bei den meisten anderen Singvögeln dazu, paarungswillige Weibchen anzulocken.

Jungamseln verlassen bereits nach 14 Tagen das Nest.

Der Bau des schalenförmigen Nestes obliegt bei den Amseln ausschließlich dem Weibchen. Dafür werden vorwiegend dünne Zweige, Grashalme und Moose verwendet. Anschließend wird die entstandene Nestmulde mit ein wenig Schlamm oder dünnem Lehm ausgekleidet. Darüber deponieren die Amseln feine Halme, Laub und Moos.

Ein ganz junges Amselweibchen in der Mittagssonne

Die weibliche Amsel ist braunfleckig, ihr Schnabel meist dunkel.

Das Ausbrüten des Geleges erfolgt hauptsächlich durch die Weibchen. Manche, aber nicht alle Männchen beteiligen sich am Brutgeschehen, wenn das Weibchen das Nest kurzzeitig verlässt. Nach dem Schlupf der Küken sind beide Eltern in die Nahrungsbeschaffung involviert. Dagegen wird das Hudern fast nur vom Weibchen übernommen. Nach bereits 14 Tagen verlassen die Jungen das Nest, obwohl sie zu diesem Zeitpunkt noch nicht richtig flugfähig sind.

In den folgenden 3–4 Tagen suchen sie eine Deckung und verhalten sich weitgehend still. In dieser Zeit erfolgt weiterhin eine Betreuung durch die Altvögel. Ab dem 18. Lebenstag sind die Jungen flugfähig und nach 20–23 Tagen erreichen sie ihre volle Selbstständigkeit. Amseln gehören zu den sogenannten Teilziehern. Während die erwachsenen mittel- und westeuropäischen Exemplare normalerweise in ihren Brutgebieten überwintern, ziehen manche Jungvögel sowie die Vertreter der nord- und osteuropäischen Populationen im Herbst südwärts – zumeist bis in die Mittelmeeranrainerstaaten.

Das adulte Amselmännchen erkennt man am schwarzen Gefieder und am gelben Schnabel.

Männchen

Auerhuhn

Tetrao urogallus

Größe: Hähne 90 – 95 cm
Hennen 65 – 68 cm

Familie: Fasanenartige, Phasianidae

Verbreitungsgebiet: Von Mitteleuropa, dem Balkan und Skandinavien über Sibirien bis in die Mongolei. Außerdem existieren isolierte Populationen in Großbritannien, auf der Iberischen Halbinsel sowie in Frankreich und Liechtenstein.

Hauptnahrung: Heidelbeeren sowie die Blätter und Knospen dieses Strauches, Samen, Schösslinge, Buchenknospen und im Winter die Nadeln/Triebspitzen von Kiefern, Fichten und Tannen

Brutzeit: April – Anfang Juli

Brutdauer in Tagen: 26 – 28

Eier pro Gelege: 5 – 8, im Extremfall 12

Bruten pro Jahr: 1

Gesang

Auerhühner gehören zu den seltensten Vogelarten Mitteleuropas. Innerhalb der Familie der Fasanenartigen ist das tagaktive Auerhuhn der größte europäische Vertreter. Gleichzeitig gehört es zur Unterfamilie Raufußhühner *(Tetraoninae)*. Die Populärbezeichnung dieser Unterfamilie kann zu Irritationen führen, weil die Füße der darin integrierten Arten nicht rau sind. Stattdessen bedeutete früher das Wort „rau" so viel wie „befiedert". Dieses „befiedert" erweist sich als sehr zutreffend, weil das Federkleid bis zu den Zehen hinabreicht.

Beim Auerhuhn ist nicht nur ein deutlicher Größenunterschied, sondern auch ein ausgeprägter Geschlechtsdimorphismus vorhanden. Das Gefieder der bis 5 kg schweren Hähne hat eine schwarze Grundfärbung, von der sich die dunkelbraunen Flügel abheben. Ihr Brustgefieder glänzt bei auftreffender Sonne metallisch und über den Augen befindet sich ein leuchtend roter Streifen. Im Unterschied zu Birkhähnen (*Lyrurus tetrix*), die deutlich kleiner sind, besitzen Auerhähne ein fächerartiges Schwanzgefieder. Bei den Birkhähnen ist dieses leierartig gegabelt.

Die Gefiederfärbung der bis 2,5 kg schweren Auerhennen ist oberseits mittelbraun und wird von schwarzen und silbrigen Querbändern durchzogen. Der Brustbereich zeigt eine rötlichbraune Färbung, während das Bauchgefieder einen schmutzig-weißen Grundton hat, auf dem sich braunschwarze Querbänder befinden.

Auerhühner sind sehr störanfällig und stellen hohe Ansprüche an ihre Umgebung. Als Lebensraum benötigen sie Wälder mit einem hohen Nadelholzanteil. In diesen Wäldern müssen außerdem viele hohe Bäume stehen, unter denen sich eine umfangreiche Bodenvegetation mit Niedrigsträuchern entwickelt hat.

Zur Frühjahrsbalz fliegen die Hähne bereits in der Morgendämmerung auf einen starkastigen Baum, stellen ihr Schwanzgefieder hoch und locken mit Gesang die Hennen. Wenn die Hennen erscheinen, fliegen die Hähne von ihrem Baum herunter, um am Boden die „Damen" weiter anzubalzen. Die Balz findet ihren Höhepunkt im Deckakt. Nach ein paar Tagen verlassen die Hennen die Hähne und fliegen zu ihren Brutrevieren. Dort scharren sie an einer gut getarnten Stelle eine als Nest dienende Bodenmulde, die mit weichen Pflanzteilen ausgekleidet wird. Das Brüten und spätere Betreuen der Küken erfolgt ausschließlich durch die Hennen.

Auch im Tiefschnee kommt der Auerhahn dank der befiederten Zehen gut zurecht.

Der rote Brustschild kennzeichnet die Auerhenne.

Auerhuhnküken sind sogenannte Nestflüchter. Sie schlüpfen vollentwickelt aus den Eiern und folgen bereits kurze Zeit später ihrer Mutter, die sie zu nahrungsreichen Stellen führt. Im Unterschied zu den Altvögeln benötigen die Küken tierische Nahrung, die vor allem aus Insekten besteht. Zwei Wochen nach dem Schlupf können die Küken bereits einen Meter weit fliegen. Nach zwei weiteren Wochen sind sie voll flugfähig.

Außer der Frühjahrsbalz findet eine Herbstbalz statt, die jedoch nicht die direkte Fortpflanzung zum Ziel hat. Vielmehr werden dabei nur die Balzgebiete für das folgende Frühjahr „abgegrenzt".

Die meiste Zeit des Jahres leben Auerhühner als Einzelgänger beziehungsweise im Mutter-Küken-Verband. Lediglich in den Wintermonaten finden sie sich oft zu kleinen Trupps zusammen. Während dieser Zeit sind die Auerhühner besonders gefährdet, wenn sie beispielsweise durch Wanderer oder Skifahrer (zumeist unbeabsichtigt) aufgescheucht werden. Bei den dann stattfindenden Fluchten verlieren sie viel Energie, die sich durch die karge Winternahrung oft nicht im vollen Umfang regenerieren lässt. Dadurch werden die Auerhühner geschwächt und haben schlechtere Chancen, den Winter unbeschadet zu überstehen.

Altvogel

Baumpieper

Anthus trivialis

Größe: 15 cm

Familie: Stelzen und Pieper, Motacillidae

Verbreitungsgebiet: Erstreckt sich von nahezu ganz Europa über Sibirien bis in die Mongolei und die Himalaya-Region.

Hauptnahrung: Schmetterlingsraupen und Heuschrecken stehen besonders hoch im Kurs. Außerdem werden Blattwanzen, Käfer, Blattläuse, Schlupfwespen, Ameisen und Köcherfliegen gefressen. Pflanzliche Nahrungskomponenten werden nur ganz selten aufgenommen.

Brutzeit: April bis Ende Juni

Brutdauer in Tagen: 12 – 14

Eier pro Gelege: 5

Bruten pro Jahr: 2 (selten auch 3)

Gesang

Aufgrund seiner Größe und Färbung wird der Baumpieper von Laien gelegentlich für einen weiblichen Haussperling (*Passer domesticus*) gehalten. Letzterem fehlen jedoch die dunkelbraunen Flecken auf dem Brustgefieder. Diese stehen so dicht und ordnen sich fast linear an, dass man sie bei einem flüchtigen Blick für Streifen halten könnte.

Als wesentlich schwieriger erweist es sich, den Baumpieper vom Wiesenpieper (*Anthus pratensis*) zu unterscheiden. Eine sichere Bestimmung ist eigentlich nur anhand der Rufe möglich. Während sich diese beim Wiesenpieper wie „dipp, dipp, dipp" oder „zi, zi, zi" anhört, ruft der Baumpieper „sib, sib, sib" oder „prie" beziehungsweise „zieh".

Ursprünglich waren lichte Wälder und halboffene Landschaften die typischen Lebensräume des Baumpiepers. Inzwischen hat sich diese Art auch in Parks und Feldgehölzen etabliert, in denen größere Baum- und Strauchbestände vorhanden sind.

Ab Ende März treffen die Baumpieper aus ihren Überwinterungsgebieten ein. Die Männchen erscheinen stets ein paar Tage früher, um ein Brutrevier zu besetzen, aus dem sie fortan jeden männlichen Rivalen vertreiben.

Baumpieper zeigen eine große Reviertreue. Deshalb sind ältere Männchen bestrebt, entweder ihr vorjähriges Revier erneut zu besetzen oder sich zumindest wieder in dessen unmittelbarer Nähe anzusiedeln. Da auch die Weibchen eine große Affinität zu ihren vorjährigen Brutgebieten zeigen, kommt es oft zu Wiederverpaarungen früherer Brutpartner, die anschließend in monogamer Saisonehe leben.

Baumpieper sind Bodenbrüter. Das Nest wird aus weichem, pflanzlichem Material gebaut und befindet sich stets unter einem Sichtschutz, beispielsweise unter einem Farnwedel oder den Zweigen eines Zwergstrauches, sodass es Fressfeinde von oben nicht sehen können.

Das Gelege wird ausschließlich vom Weibchen bebrütet. In den ersten 10 – 12 Tagen nach dem Schlupf verbleiben die Jungen im Nest und werden von beiden Eltern mit Nahrung versorgt. Danach klettern sie aus dem Nest, ohne jedoch schon völlig flügge zu sein. Aus diesem Grund versorgen die Eltern ihre Jungen auch weiterhin mit Nahrung, wenn sich diese schon etwas vom Nest entfernt haben. Ihre uneingeschränkte Flugfähigkeit erreichen die Jungen 20 Tage nach dem Schlupf. Zu diesem Zeitpunkt stellen die Eltern ihre Fütterungsaktivitäten relativ schnell ein.

Zwischen Mitte und Ende August fliegen die Baumpieper in ihre Winterquartiere, die sich in den östlichen und zentralen Gebieten Afrikas sowie in Indien und teilweise in den an diesen Subkontinent angrenzenden Ländern befinden.

Der Baumpieper trägt seinen Gesang häufig im Singflug vor.

Nach dem Singflug wird von einer Singwarte weitergesungen.

Birkenzeisige klettern wie Meisen im Gezweig von Erlen und Birken, um die Samen aus den Zäpfchen zu gewinnen.

Birkenzeisig

Acanthis flammea

Größe: 12,5 – 14 cm

Familie: Finken, Fringillidae

Verbreitungsgebiet: Das Brutgebiet des Birkenzeisigs erstreckt sich von einigen Regionen Grönlands, Nordeuropas, Skandinaviens, über das nördliche Osteuropa und die kälteren Klimaregionen Asiens bis Nordamerika.

Hauptnahrung: Kleinkörnige Samen, Knospen von Birken, Erlen, Weiden, Lärchen, Fichten, Kräutern und Gräsern. Gelegentlich werden auch Larven und Insekten vertilgt. Letztere spielen vor allem während der Aufzuchtphase eine große Rolle, da die Nestlinge für eine normale Entwicklung tierisches Eiweiß benötigen.

Brutzeit: Mai – Juni

Brutdauer in Tagen: 12

Eier pro Gelege: 4 – 6

Bruten pro Jahr: 1, sehr selten 2

Gesang

In seinem Brutgebiet besiedelt der auch als Leinfink bezeichnete Birkenzeisig Birkenwälder und Tundren, in denen reichlich dichte Weidenbüsche sowie sonstiges Gesträuch vorhanden sind. Eine Unterart des Birkenzeisigs ist der Alpenbirkenzeig (*Acanthis flammea cabaret)* der – wie es bereits sein Populärname verrät – im Alpenraum verbreitet ist.

Birkenzeisige gehören zur Kategorie der sogenannten Invasionsvögel, die mit wechselnder Häufigkeit im Herbst (Ende Oktober) ihre relativ unwirtlichen Brutgebiete verlassen, um den Winter in Mittel- und wärmeren Osteuropa zu verbringen. Von dort kehren sie im April in ihre Brutgebiete zurück. Die Hauptursachen für diese Invasionsbewegungen liegen in rasanten Futterverknappungen, welche im Herbst in vielen Brutgebieten der Birkenzeisige einsetzen.

Beide Geschlechter des Birkenzeisigs besitzen eine kräftig rosarote Stirn, einen kleinen schwarzen Kehlfleck und eine weiße Flügelbinde. Im Unterschied zum alten Männchen, das rosarote Brustfedern besitzt, sind diese beim Weibchen hellgrau bräunlich und gestrichelt. Birkenzeisige haben sich als sehr gesellige Vögel erwiesen. Sie mögen es, sich mit Artgenossen auf Nahrungssuche zu begeben und bilden mit diesen „Schlafgruppen“. Sogar zur Brutzeit bleiben lockere Verbindungen zu anderen Brutpaaren erhalten.

Mit Vorliebe errichten Birkenzeisige ihr Nest in einer Astgabel. Falls eine solche zur Verfügung steht, begnügen sich diese Finkenvögel aber auch mit einem anderen Brutplatz in einem Gehölz. Das sehr kompakt wirkende Nest besteht größtenteils aus kleinen Zweigen, dünnen Wurzeln, Rinden, Flechten und Moos. Das Auskleiden der Nestmulde erfolgt mit Tierhaaren und Federn.

Das prächtige Rot gibt es nur bei alten Männchen.

Das Bebrüten des Geleges obliegt ausschließlich dem Weibchen. Während dieser Zeit wird es vom Männchen mit Nahrung versorgt. Sobald die Jungen geschlüpft sind, beteiligen sich beide Eltern an der Fütterung. Etwa 3 Wochen nach dem Schlupf verlassen die Jungen das Nest.

Obwohl Birkenzeisige nicht ganz so elegant in den Zweigen herumturnen wie Meisen, handelt es sich bei ihnen trotzdem um geschickte Kletterer.

Dem Weibchen und dem Jungvogel fehlt das Rot auf der Brust.

Die Birkhenne ist am ganzen Körper mit tarnenden Flecken und Bändern versehen.

Birkhuhn

Lyrurus tetrix

Größe: Hähne 60 – 62,
Hennen 40 – 42

Familie: Fasanenartige, Phasianidae

Verbreitungsgebiet: Von Großbritannien und Mitteleuropa über Skandinavien bis Ostsibirien.

Hauptnahrung: Knospen, Blüten und Blätter. In der wärmeren Jahreszeit werden gelegentlich auch Spinnen und Insekten gefressen.

Brutzeit: Mai – Juni

Brutdauer in Tagen: 25 – 27

Eier pro Gelege: 7 – 12

Bruten pro Jahr: 1

Gesang

Genau wie das Auerhuhn (*Tetrao urogallus*) gehört auch das Birkhuhn zur Unterfamilie Raufußhühner, *Tetraoninae*. Neben dem Größenunterschied ist bei den Birkhühnern auch ein deutlicher Geschlechtsdimorphismus vorhanden. So dominiert im Federkleid der Hähne die Farbe schwarz, während die mittelbraune Grundfärbung der Hennen von einem schwarzbraunen Bändermuster überzogen wird.

Neben lichten Wäldern besiedeln die weitgehend standorttreuen Birkhühner auch gern Heideflächen sowie Moore und im Gebirge mit Zwergsträuchern bestandene Areale. In den letzten 50 Jahren zeigen die mitteleuropäischen Bestände allerdings stark rückläufige Tendenzen. Die Ursachen dafür sind vor allem in der zunehmenden Zersiedelung der Landschaft und der Zerstörung der für Birkhühner geeigneten Biotope zu finden. Erschwerend kommt hinzu, dass sowohl in übermäßig trockenen Sommern als auch bei kaltem, niederschlagsreichem Wetter hohe Verluste unter den Küken der Birkhühner zu verzeichnen sind. In Deutschland bestehen schätzungsweise nur noch 850–1400 Reviere. Aus diesem Grund gehört das Birkhuhn zu den Rote-Liste-Arten und steht unter strengem Schutz.

Zwischen März und April finden sich die Hähne auf traditionell genutzten freien Plätzen ein, um ihre nach strengen Ritualen ablaufenden Schaukämpfe auszutragen. Dabei geben die Hähne kullernde und zischende Laute von sich. Die Hennen beobachten, zumeist auf einem Baum sitzend, diese „Gefechte". Anschließend paaren sie sich in den meisten Fällen mit dem Sieger.

Nestflüchter: Das Küken ist gleich nach dem Schlupf mobil, wird aber von der Mutter betreut.

Sowohl der Nestbau, das Ausbrüten des Geleges als auch die spätere Betreuung der Küken obliegen ausschließlich der Henne. Sie baut ihr Nest stets in einer flachen Bodenmulde an einer sehr gut getarnten Stelle. Als typische Nestflüchter folgen die Küken ihrer Mutter bereits kurze Zeit nach dem Schlüpfen. Diese führt die Jungen an Plätze, die ihr besonders nahrungsergiebig erscheinen, denn die Küken fressen während der ersten Lebenstage ausschließlich kleine, tierische Nahrungskomponenten. Nach etwa zwei Wochen können die Küken bereits fliegen und nach weiteren zwei Wochen sind sie weitgehend selbständig. Allerdings leben sie noch bis September gemeinsam mit ihrer Mutter als Familienbestand zusammen.

Gelegentlich treten natürliche Hybriden sowohl aus Birkhuhn × Fasan als auch Birkhuhn × Auerhuhn auf. Die aus der zuletzt genannten Verpaarung hervorgegangenen Hybriden bezeichnet man als Rackelhühner.

Ein Birkhahn bei der Bodenbalz.

Unverkennbar blau-weiß-gelb sind die Farben der kleinen Blaumeise.

Blaumeise

Cyanistes caeruleus

Größe: 11,5 cm

Familie: Meisen, Paridae

Verbreitungsgebiet: Mit Ausnahme einiger Teile Skandinaviens besiedeln Blaumeisen ganz Europa bis zur Kaukasusregion und zum Vorderen Orient sowie die Küstenbereiche Nordafrikas.

Hauptnahrung: Insekten und deren Larven, Spinnen, im Winter viele Samen.

Brutzeit: April – Juli

Brutdauer in Tagen: 15

Eier pro Gelege: 9 – 15, in Ausnahmefällen auch 17

Bruten pro Jahr: 1 – 2, in Ausnahmefällen auch 3

Gesang

Im Kleid des Männchens herrschen intensivere Blautöne vor.

Blaumeisen gehören zu den am häufigsten vorkommenden Singvögeln Mitteleuropas. Ursprünglich besiedelten sie bevorzugt Laub- und Mischwälder, die einen hohen Eichenanteil aufwiesen. Aufgrund ihrer relativ hohen Anpassungsfähigkeit gelang es diesen Meisen, sich dauerhaft in Lebensräumen zu etablieren, die von Menschen verändert beziehungsweise neu geschaffen wurden. Deshalb trifft man Blaumeisen gegenwärtig nicht nur in Wäldern, sondern auch in Feldgehölzen, Parks, Streuobstwiesen sowie in gehölzreichen Gärten an.

Die Geschlechterbestimmung bei der Blaumeise ist nicht leicht. Am besten lässt sich eine solche Bestimmung anhand der Breite und Färbung des Halsbandes sowie der Farbintensität der blauen Kopfplatte vornehmen. Das unter dem weißen Wangenfleck befindliche Halsband ist beim Männchen 4–10 mm breit und kräftig blauschwarz gefärbt, während es beim Weibchen nur eine Breite von 2–7 mm hat und blasser aussieht. Außerdem ist das Scheitelgefieder des Männchens intensiver blau gefärbt.

Im Frühjahr halten die Blaumeisen Ausschau nach einer geeigneten Bruthöhle. Ist eine solche gefunden, wird sie allerdings nicht sofort bezogen, sondern zunächst nur von in unregelmäßigen Intervallen inspiziert. Stellen die Blaumeisen bei diesen Inspektionen fest, dass sich bereits andere Vögel, zum Beispiel Kohlmeisen (*Parus major*) oder Haussperlinge (*Passer domesticus*) in „ihrer“ Bruthöhle einquartiert haben, werden sie – trotz ihrer geringen Größe – sehr schnell aggressiv und vertreiben in der Regel die ungebetenen Quartiergäste.

Der Nestbau obliegt dem Weibchen. Das in der Bruthöhle errichtete Nest besteht vorwiegend aus Moosen, Flechten und trockenen Halmen. Außerdem polstern die Weibchen die Nestmulde mit Tierhaaren und Federn aus. Genau wie der Nestbau erfolgt auch das Bebrüten des Geleges ausschließlich durch die Weibchen. Das Männchen verteidigt derweil das Revier gegen Artgenossen und versorgt das Weibchen mit Nahrung. Nach dem Schlupf der Küken beteiligen sich beide Altvögel an der Fütterung, wobei häufig große Mengen an Blattläusen herangetragen werden. Bis zum Verlassen der Bruthöhle benötigen die Meisenküken 17–21 Tage. Auf das Verlassen der Bruthöhle bereiten sie sich in der Weise vor, dass sie einige Tage vor dem Ausfliegen an der Höhlenwand emporklettern und die Nahrung, die die Eltern heranschleppen, bereits am Einflugloch in Empfang nehmen. Beim Warten auf die Eltern äugen sie auch

Vor der Brut wird in der Bruthöhle ein Moosnest gebaut, das mit Tierhaaren ausgepolstert wird.

des Öfteren aus dem Einflugloch und lernen so schon die nähere Umgebung kennen.

Während manche Blaumeisen ganzjährig in ihren Brutgebieten bleiben, sind andere Teilzieher, wobei die Zugbewegungen zumeist in westlicher bis südwestlicher Richtung erfolgen.

Unter allen Meisenarten haben sich die Blaumeisen als die geschicktesten Kletterer erwiesen. Auch wenn die Zweige, auf denen sich diese Vögel gerade niedergelassen haben, stark wippen, wird das nicht als störend empfunden. Im Gegenteil, oftmals turnen die Blaumeisen nahezu akrobatisch an derartigen Zweigen herum, um an Nahrungskomponenten zu gelangen, die für viele andere Singvögel unerreichbar sind.

Die eben ausgeflogene Jungmeise bettelt um Futter.

Buchfink

Fringilla coelebs

Größe: 11,5 cm

Familie: Finken, Fringillidae

Verbreitungsgebiet: Außer in Nordskandinavien kommt der Buchfink in ganz Europa sowie in großen Teilen Sibiriens, des Vorderen Orients und Nordafrikas vor.

Hauptnahrung: Beeren, Samen, Insekten und Spinnen

Brutzeit: April – Juni

Brutdauer in Tagen: 14

Eier pro Gelege: 4 – 6

Bruten pro Jahr: 2

Gesang

Das Weibchen ist viel schlichter gefärbt als das prächtige Männchen.

Wenn sich das Männchen im Frühjahr im Balzgefieder präsentiert, gehört dieser Singvogel zu den buntesten in Europa. Allerdings ist die wissenschaftliche Artbezeichnung, die dieser hübsche Vogel erhalten hat, etwas irreführend, denn „coelebs" heißt so viel wie der im Zölibat (also ohne Weibchen) lebende Fink. Vielleicht wurde diese Bezeichnung einst gewählt, weil die mitteleuropäischen Buchfinkenmännchen – im Unterschied zu ihren Weibchen – oftmals darauf verzichteten, im Herbst in südlichere Gefilde zu wandern. In den letzten Jahrzehnten tritt allerdings die Tendenz – ganzjährig im Brutgebiet zu bleiben – auch zunehmend bei den mitteleuropäischen Buchfinkenweibchen auf. Diese nicht (mehr) wandernden mitteleuropäischen Buchfinken finden sich im Winter oft zu „Gesellschaften" zusammen, die gelegentlich mit Bergfinken (*Fringilla montifringilla*) herumziehen. Sobald jedoch der Frühling Einzug hält, zerfallen diese „Finkengemeinschaften" sehr schnell.

Eine andere Erklärung, warum einst gerade diese wissenschaftliche Artbezeichnung für den Buchfink gewählt wurde, könnte darauf zurückzuführen sein, dass sich das Männchen weder am Nestbau noch am Ausbrüten des Geleges beteiligt, sondern diese Aufgaben komplett dem Weibchen überlässt. Der Populärname des Buchfinken rührt daher, dass er im Winter besonders gern und häufig Bucheckern frisst.

Ursprünglich besiedelte der Buchfink nur Wälder. Aber in dem Maße, in dem der Mensch die Landschaft zersiedelte, demonstrierte dieser Vogel seine Anpassungsfähigkeit und eroberte auch Parkanlagen, Feldgehölze, dichte Alleen sowie Friedhöfe und Gärten, die einen üppigen Gehölzbestand aufweisen, als Lebensräume. Vereinzelte Exemplare bewohnen sogar dauerhaft die Zentren von Großstädten.

Das Buchfinkenmännchen besetzt im Frühjahr ein Revier, in welches es mit seinem Gesang ein paarungsbereites Weibchen lockt. Dabei erweisen sich die Männchen als sehr ausdauernd, indem sie oft mehrere hundertmal pro Stunde ihren Gesang erschallen lassen.

Hat sich ein Paar gefunden, verteidigen beide Partner energisch ihr Revier gegen Artgenossen. Im Zentrum des Revieres wird häufig in einer Astgabel das halbkugelförmige Nest errichtet, welches sich bis 10 m über dem Boden befinden kann. Als Nistmaterialien verwenden die Buchfinkenweichen vor allem weiche Gräser, Moos, Haare und Federn. Während das Erbrüten des Geleges alleinige Aufgabe des Weibchens ist, beteiligen sich beide Altvögel an der Fütterung der Nestlinge. Anfangs erhalten die Jungen nur tierische Nahrungskomponenten. Nach etwa zwei Wochen verlassen die Jungen das Nest und beginnen, zunehmend pflanzliche Nahrung zu fressen.

Außerhalb der Brutzeit treten Weibchen (Mitte) und Männchen in Trupps auf.

Das Weibchen füttert das fast schon flügge Junge am Eingang der Nisthöhle.

Buntspecht

Dendrocopos major

Größe: 23 cm

Familie: Spechte, Picidae

Verbreitungsgebiet: Buntspechte besiedeln nahezu ganz Europa, Westasien sowie Bereiche im Vorderen Orient und in Nordafrika.

Hauptnahrung: Insekten und deren Larven, Würmer, Samen (vorwiegend aus Zapfen), Nüsse, Beeren, gelegentlich Jungvögel

Brutzeit: April – Juni

Brutdauer in Tagen: 12 – 13

Eier pro Gelege: 4 – 7

Bruten pro Jahr: 1

Trommeln

Bei dem auch als Großer Bunt-, Rot- oder Schildspecht bezeichneten Buntspecht handelt es sich um die am häufigsten vorkommende Spechtart Europas. Außer Nadelwäldern, für die er eine besondere Vorliebe zeigt, werden auch Misch- und Laubwälder und große Parks mit Altbaumbeständen bewohnt.

Des Weiteren finden sich Buntspechte gelegentlich in baumreichen Gärten und auf Streuobstwiesen ein.

Die Geschlechter lassen sich leicht anhand des leuchtend roten Nackenflecks identifizieren, den nur das Männchen besitzt. Bemerkenswerterweise haben auch sämtliche Jungvögel ein rotes Scheitelgefieder, welches jedoch bis zum Erwachsenenalter verschwindet.

Zwischen Ende April und Anfang Juni beginnt der Buntspecht in mehrere weichholzige und/oder morsche Bäume Bruthöhlen zu hacken, von denen er aber nur eine fertigstellt. Damit die Spechte beim häufigen Hämmern keine Kopfschmerzen bekommen oder sogar dauerhafte Schädigungen davontragen, wurden sie von der Natur mit „Stoßdämpfern" ausgestattet. Dabei handelt es sich um eine stabile Schädeldecke und eine zähe Hirnhaut, welche die Wucht beim Aufschlagen abfedern. Letztlich ist das Gehirn nur von sehr wenig Flüssigkeit umgeben, um so zu vermeiden, dass dieses beim Hämmern ständig gegen die innere Schädelwand prallt. Um ihre Augen vor herumfliegenden Spänen zu schützen, die beim Hämmern wegplatzen, schließen die Spechte kurz vor dem Aufschlagen die Augenlider.

Der rote Nackenfleck kennzeichnet das Männchen.

Bis zum Flüggewerden benötigen die jungen Spechte drei bis vier Wochen. Ab der zweiten Lebenswoche veranstalten sie tagsüber fast ununterbrochen ein großes Geschrei, weshalb es oft leicht ist, die Bruthöhle zu lokalisieren.

Im Unterschied zu den Exemplaren der nördlichen Populationen, die beim Einbruch des Winters gelegentlich nach Mitteleuropa wandern, bleiben die hiesigen Buntspechte fast immer ganzjährig in ihrem Brutgebiet.

Spechtschmiede: Das Weibchen gewinnt die Samen aus dem festgeklemmten Kiefernzapfen.

Bei Aufenthalten in Osteuropa beziehungsweise auf dem Balkan kann es zu Verwechslungen zwischen dem Buntspecht und dem Weißrückenspecht, *Dendrocopos leucotos*, beziehungsweise dem Blutspecht, *Dendrocopos syriacus*, kommen. Im Unterschied zum Buntspecht fehlt jedoch dem Blutspecht das sich unter dem Auge entlangziehende schwarze Querband.

Beim Weißrückenspecht ist das Gefieder auf dem Flügel nahezu komplett schwarz-weiß gebändert und die hintere Rückenpartie ist nicht schwarz, sondern weiß. Außerdem besitzen männliche Weißrückenspechte auf dem gesamten Scheitelbereich leuchtend rotes Gefieder, das fast wie eine kleine Kappe aussieht.

Eichelhäher

Garrulus glandarius

Größe: 33 – 35 cm

Familie: Rabenvögel, Corvidae

Verbreitungsgebiet: Der Eichelhäher ist in nahezu ganz Europa (er fehlt lediglich in einigen Regionen Großbritanniens, Nordskandinaviens sowie auf der Iberischen Halbinsel), den gemäßigten Klimazonen Asiens einschließlich Japans, dem Vorderen Orient und in einigen Arealen an der Nordküste Afrikas verbreitet. Außerdem kommt er in weiten Teilen Südostchinas und den daran angrenzenden Staaten vor.

Hauptnahrung: Eicheln, Nüsse, Bucheckern, Getreidekörner einschließlich Mais, Beeren und Früchte, Pilze, Knospen, Pflanzengallen, größere Insekten und deren Larven, Kleinsäuger, Reptilien, kleine Vögel und Nestlinge sowie Eier

Brutzeit: April – Juni

Brutdauer in Tagen: 16 – 17

Eier pro Gelege: 3 – 5

Bruten pro Jahr: 1

Intensivalarm

Bei dem tagaktiven Eichelhäher handelt es sich um den farbenprächtigsten Vertreter unter den in Mitteleuropa heimischen Rabenvögeln. Auch wenn es im ersten Moment verblüffend klingen mag, gehört der Eichelhäher, genau wie die übrigen Rabenvögel (*Corvidae*), zur Unterordnung der Singvögel (*Passeri*).

Sein Populärname leitet sich von seiner wichtigsten Nahrungsquelle, den Eicheln, ab. Darüber hinaus existieren für den Eichelhäher zahlreiche regionale Bezeichnungen, wie etwa Guthäher, Nusshäher, Jägg und Nussgackel.

Eichelhäher besiedeln Wälder aller Art. Dabei zeigen sie allerdings eine Vorliebe für Areale mit lichten Baumbeständen, unter denen sich üppiges Strauchwerk befindet. Dagegen trifft man sie in Kiefern-, Fichten-, aber auch in Buchenmonokulturen deutlich seltener an.

Eichelhäher gehen monogame Saisonehen ein und besetzen Reviere, die zumeist 2–10 ha groß sind. Außerhalb der Brutzeit dulden sie in ihren Revieren Artgenossen – vorausgesetzt, diese zeigen keine Territorialansprüche.

Ähnlich wie zahlreiche andere Rabenvögel formieren sich auch die Eichelhäher im Frühjahr oft zu kleinen Trupps, um kurzzeitige lautstarke Zeremonien abzuhalten, deren Bedeutungen noch nicht umfassend erforscht sind. Möglicherweise dienen diese dazu, dass sich Paare finden beziehungsweise schon vorhandene Paarbindungen gefestigt werden.

Ihr vorwiegend aus Zweigen bestehendes Nest errichten die Eichelhäher in einem hohen Baum und polstern es anschließend mit trockenem Moos und weichem Heu aus. Erfolgt während des Nestbaus eine stärkere Störung, geben die Eichelhäher sofort den beabsichtigten Nistplatz auf. Anschließend beginnen sie an einer anderen Stelle, die ihnen geeigneter erscheint, erneut ein Nest zu bauen.

Eichelhäher gehören zu jenen Vogelarten, die eine intensive Vorratswirtschaft betreiben. So legen sie an verschiedenen Stellen sowohl im Erdreich als auch in morschen Bäumen Depots an, in welche sie Eicheln, Nüsse und Bucheckern eintragen. Da sie in der Folgezeit nicht alle Vorratskammern wiederfinden, betätigen sich diese Rabenvögel zwar unbeabsichtigt, jedoch weitgehend kontinuierlich als „Waldpflanzer".

Erspäht ein Eichelhäher einen im Wald herumspazierenden Menschen, beginnt er oftmals, diesen fliegend zu begleiten. Dabei stößt er in schneller Fol-

Der runde Flügelschnitt ermöglicht dem Eichelhäher einen wendigen Flug.

ge seine rätschenden Laute aus. Dieses Geschrei empfinden viele Jäger als sehr unangenehm, weil dadurch das Wild vergrämt wird. Allerdings können diese Vögel nicht nur rätschende Laute von sich geben. Ähnlich wie zahlreiche andere Rabenvögel sind auch Eichelhäher hervorragende Stimmenimitatoren. Diesbezüglich fällt es ihnen nicht schwer, beispielsweise den Schrei eines Bussards, den Gesang eines Pirols oder auch das Klingeln eines Weckers täuschend echt nachzuahmen.

Während des Winters finden sich Eichelhäher häufig am Futterhäuschen ein. Dort verschaffen sie sich mitunter viel Platz, indem sie sich unbemerkt heranpirschen und dann den Ruf eines Mäusebussards (*Buteo buteo*) imitieren. Dieses Imitieren löst bei anderen Vögeln, die gerade am Futterhäuschen fressen, eine Fluchtreaktion aus, wodurch sich der Eichelhäher anschließend ungestört am ausgelegten Futter laben kann.

Durch das Vergraben von Eicheln trägt er zur Ausbreitung der Eichen bei.

Eichelhäher überwintern bei uns. Manchmal kommen scharenweise nordische Gäste hinzu.

Der schwarze Scheitel und Kehlfleck kennzeichnen das Männchen.

Erlenzeisig

Spinus spinus

Größe: 12 cm

Familie: Finken, Fringillidae

Verbreitungsgebiet: Während der Sommermonate hält sich der Erlenzeisig (mit Ausnahme von Island) in einem Gebiet auf, welches sich von Skandinavien und Mitteleuropa bis Westsibirien erstreckt. Außerdem ist noch ein großes isoliertes Vorkommen in Ostsibirien sowie Ostchina vorhanden. Im Herbst ziehen die skandinavischen Exemplare bis auf die Iberische Halbinsel und in den Vorderen Orient. Die Erlenzeisige Ostsibiriens sowie Ostchinas überwintern im südöstlichen China sowie in Japan. Im April ziehen die „Wintergäste" in ihre Brutgebiete zurück.

Hauptnahrung: Samen von Fichten, Erlen und Birken, gelegentlich werden auch junge Knospen, Insekten und deren Larven sowie Nüsse gefressen.

Brutzeit: April – Juni

Brutdauer in Tagen: 13 – 14

Eier pro Gelege: 3 – 5

Bruten pro Jahr: 2

Rufe und Gesang

Mit dem spitzen Schnabel vermag der Vogel die Samen aus den Erlenzäpfchen zu gewinnen.

Männliche Erlenzeisige lassen sich leicht an ihrem schwarzen Stirn- und Kehlgefieder identifizieren. Im Unterschied dazu ist die Kehle des Weibchens grau und der Stirnbereich weist eine schwärzliche Strichelung auf grauem Grund auf. Der Populärname leitet sich von einer seiner besonders gern gefressenen Nahrungskomponenten ab, den Samen der Erle. Beim Suchen der Samen von Erlen und Birken erweisen sich die Erlenzeisige als sehr geschickte Kletterer, die fast so elegant wie Meisen an den Zweigen dieser Bäume herumturnen.

Erlenzeisige besiedeln bevorzugt Wälder, die einen hohen Fichtenanteil aufweisen. Während der Wintermonate trifft man Erlenzeisige auch in Parks und Gärten sowie in der offenen Landschaft, wo sie oftmals Schwärme mit Distelfinken (*Carduelis carduelis*) bilden.

Das Brutgeschäft beginnt Mitte April. Das dafür erforderliche, napfförmige Nest wird zumeist an den äußeren Zweigspitzen von alten Fichten oder sonstigen Nadelbäumen gebaut. Da es sich weit oben befindet, kann man es vom Erdboden aus fast nie entdecken. Als Baumaterialien dienen Zweige, trockenes Gras und Moos. Zum Auspolstern der Nestmulde werden Haare und Federn verwendet. Das Bebrüten des Geleges erfolgt ausschließlich durch das Weibchen. Sobald die Nestlinge geschlüpft sind, werden sie von beiden Eltern nicht mit Samen, sondern mit Insekten gefüttert. Diese stellen besonders proteinreiche Nahrungskomponenten dar, welche für die normale Entwicklung und das Wachstum der Jungen sehr wichtig sind. Nach etwa 2 Wochen verlassen die Jungen das Nest. Ab diesem Zeitpunkt werden sie von den Altvögeln noch 10–12 Tage außerhalb des Nestes betreut.

Erlenzeisige gehören zur Kategorie der Schönwettersänger. Bei Sonnenschein erweisen sie sich als singfreudig. Dagegen verhalten sie sich bei trübem und regnerischem Wetter deutlich stiller.

Beim Weibchen ist der Stirnbereich heller, weist eine schwärzliche Strichelung auf grauem Grund auf.

Alte Männchen des Fichtenkreuzschnabels fallen mit karminrotem Gefieder auf.

Fichtenkreuzschnabel

Loxia curvirostra

Größe: 15 – 17 cm

Familie: Finken, Fringillidae

Verbreitungsgebiet: Dieses erstreckt sich von Spanien und Nordafrika über Teile Mitteleuropas und Skandinaviens bis nach Westsibirien. Allerdings ist das Verbreitungsgebiet recht lückenhaft. Beispielsweise besiedelt diese Art nicht die westlichen und zentralen Regionen Frankreichs und auch in den Beneluxstaaten sowie in der Nordhälfte Deutschlands ist sie nur punktuell anzutreffen.

Hauptnahrung: Samen von Nadelbäumen, allen voran von Fichten. Ergänzend werden Birkensamen sowie Beeren, Blütenknospen, Spinnen, Insekten und deren Larven (besonders gern Schmetterlingsraupen) gefressen.

Brutzeit: Obwohl Bruten zu allen Jahreszeiten möglich sind, liegt die Hauptbrutzeit zwischen Januar und April.

Brutdauer in Tagen: 14 – 16

Eier pro Gelege: 2 – 5, zumeist 4

Bruten pro Jahr: 1 (selten 2)

Gesang

Regional wird der Fichtenkreuzschnabel auch als Christvogel, Gichtvogel, Krumbschnabel sowie Zigeunervogel bezeichnet. Seinen am weitesten verbreiteten Populärnamen erhielt dieser Vogel aufgrund des gekreuzten Schnabels und seiner Hauptnahrung – den Samen der Fichte.

Der Schnabel stellt ein hervorragendes Werkzeug dar, mit dem sowohl sehr präzise als auch relativ schnell die Samen aus den Zapfen von Nadelbäumen gepickt werden. Außerdem nutzt dieser Vogel den Schnabel im Verbund mit den Füßen beim Klettern. Häufig führen die Kreuzschnäbel „Turnübungen" im Geäst durch, welche an die von Papageien erinnern.

Das Gefieder der ausgefärbten männlichen Exemplare ist orange bis rötlich und ihre Flügel sind dunkelbraun. Die Weibchen haben eine graugrün-gelbliche Färbung und schwärzlich graue Flügel. Mit dem sehr ähnlich gefärbten Kiefernkreuzschnabel (*Loxia pytyopsittacus*) besitzt der Fichtenkreuzschnabel einen „Doppelgänger". Allerdings ist dieser etwas größer und besiedelt nicht Mitteleuropa, sondern Skandinavien, das südöstliche Baltikum sowie Teile Russlands. Falls doch einmal ein Kiefernkreuzschnabel in Mitteleuropa erscheint, handelt es sich dabei um einen Ausnahmegast.

Fichtenkreuzschnäbel bewohnen bevorzugt Fichten- und Tannenwälder sowie Nadelwälder mit hohen Fichtenanteilen. Außerhalb der Brutzeit vereinigen sich diese Vögel oft zu größeren Gruppen, die gemeinsam Nahrung suchen. Derartige Gruppen zerfallen allerdings sehr schnell, wenn eine Nahrungsverknappung auftritt.

Der Vogel vermag papageienartig zu klettern, um die Zapfen zu erreichen.

Zumeist wird eine monogame Saisonehe geführt. Gelegentlich verpaaren sich die Männchen aber auch mit zwei Weibchen. Der Nistplatz wird vom Weibchen ausgesucht und befindet sich häufig in 20 – 30 m Höhe. Dabei wird das Nest so platziert, dass darüber hängende Zweige nicht nur eine gute Tarnung, sondern auch einen Schutz vor Schnee bieten. Das Weibchen brütet allein, wird aber vom Männchen mit Nahrung versorgt. Nach dem Schlupf hudert das Weibchen die Nestlinge 14 – 16 Tage lang. Dabei füttert es auch die Jungen mit Nahrung, welche das Männchen aus seinem Kropf hervorwürgt. Ab dem 16. Lebenstag hat sich das Federkleid der Jungen so weit entwickelt, dass sich auch das Weibchen an der Futterbeschaffung beteiligt.

Der Jungvogel ist an der Strichelung der Unterseite zu erkennen. Der Kreuzschnabel entwickelt sich erst ab vier Wochen.

Fitis

Phylloscopus trochilus

Größe: 11 cm

Familie: Laubsängerartige, Phylloscopidae

Verbreitungsgebiet: Von Großbritannien und Frankreich über Mitteleuropa und Skandinavien (außer Island und der nördlichsten Region Finnlands) bis Nordostsibirien.

Hauptnahrung: Kleine Spinnen, Insekten und deren Larven, Beerenfrüchte und junge Knospen

Brutzeit: Mai – Juni

Brutdauer in Tagen: 12 – 13

Eier pro Gelege: 6 – 7

Bruten pro Jahr: 1 (in südlichen Gebieten auch 2)

Gesang

Der sehr agile Fitis, auch als Fitislaubsänger bezeichnet, zeigt eine Vorliebe für Laub- und Misch- sowie Auenwälder mit umfangreichen Unterholzbeständen. Er ist aber nicht streng an diese Biotope gebunden, sondern siedelt sich gelegentlich auch auf verbuschten Flächen ohne Bäume sowie an Gewässerufern, in Parks, Friedhöfen und großen Gärten an.

Der Fitis ähnelt dem Zilpzalp (*Phylloscopus collybita*) im Erscheinungsbild so stark, dass beide Vögel kaum zu unterscheiden sind. Beim Zilpzalp sind zwar die Handschwingen wesentlich länger als beim Fitis, aber dieses Merkmal nützt bei der Feldbeobachtung kaum etwas. Unter derartigen Bedingungen erweist es sich als vorteilhafter, diese beiden Vögel anhand ihres Gesanges und ihrer Rufe zu identifizieren. Während der Zilpzalp „zilpzalp, zilpzalp" singt oder „hüid" ruft, ertönt beim Fitis „dididididi dea dea da da" oder „hooid".

Fitisse sind Langstreckenzieher, die im September ihre europäischen und sibirischen Brutgebiete verlassen, um südlich der Sahara zu überwintern. Der Flug über die Sahara wird ohne größere Wasserverluste überstanden, weil diese Vögel nur während der kühlen Nachtstunden ziehen und sich tagsüber an einer schattigen Stelle ausruhen. Zusätzlich verfügen die Fitisse über ein körpereigenes Kühlsystem. Jedes Mal, wenn sie ausatmen, lagert sich die Atemfeuchtigkeit an der kühlen Rachenoberfläche als Kondenswasser ab.

Im April kehren die Fitisse aus ihren Winterquartieren zurück und beginnen, ein direkt am Boden oder nur knapp darüber befindliches, fast kugelförmiges Nest mit seitlichem Eingang zu errichten. Diese Nestkonstruktion, die unter anderem auch vom Zaunkönig *(Troglodytes troglodytes)* gebaut wird, bezeichnet man als Backofennest, weil dessen Form mit etwas Fantasie an einen historischen Backofen erinnert. Als Baumaterialien werden vor allem Moos und Gräser verwendet. Die Fitisnester sind fast immer sehr gut getarnt und befinden sich unter einer „Überdachung", bei der es sich beispielsweise um überhängende Blätter von Sträuchern oder Gräsern handeln kann. Das Bebrüten des Geleges erfolgt durch das Weibchen. Nach dem Schlupf benötigen die Nestlinge etwa 2 Wochen, ehe sie erstmals aus dem Nest klettern.

Während die Beine des Zilpzalps dunkel pigmentiert sind, sind sie beim Fitis hell.

Nur selten kann man die Gartengrasmücke frei sitzend beim Gesang beobachten.

Gartengrasmücke

Sylvia borin

Größe: 14 cm

Familie: Grasmückenartige, Sylviidae

Verbreitungsgebiet: Mit Ausnahme Südeuropas, Teilen der Britischen Inseln und Nordskandinaviens erstreckt sich das Verbreitungsgebiet der Gartengrasmücke vom restlichen Europa bis Westsibirien und Transkaukasien.

Hauptnahrung: Insekten und deren Larven, Spinnen, Würmer, Nektar, gelegentlich Beerenfrüchte

Brutzeit: Mai – Juni

Brutdauer in Tagen: 11 – 12

Eier pro Gelege: 4 – 5

Bruten pro Jahr: 1

Gesang

Der Populärname ist ein wenig irreführend, denn die relativ scheuen und zudem noch recht unscheinbar aussehenden Gartengrasmücken siedeln sich in Gärten nur relativ selten an. Stattdessen bevorzugen sie lichte unterholzreiche Wälder, Waldrandgebiete, Parks sowie Friedhöfe mit üppigen Baumbeständen und die Uferbereiche von stehenden Gewässern als Lebensräume.

Gartengrasmücken sind Langstreckenzieher, welche die Wintermonate südlich der Sahara verbringen. Um den langen beschwerlichen Flug in den Süden zu überstehen, fressen sich die Gartengrasmücken während der Sommermonate umfangreiche Fettreserven an. Dadurch sind sie nicht gezwungen, in den unwirtlichen Gebieten der Sahara nach Nahrung zu suchen. Außerdem ziehen sie nur nachts, wenn die Temperaturen erträglicher sind, und ruhen sich während der heißen Tagstunden im Schatten aus.

Anfang Mai kehren diese Vögel in ihre Brutgebiete zurück, wo sie bis Ende August/Anfang September bleiben. Gartengrasmücken führen eine monogame Saisonehe. Die Männchen besetzen Brutreviere und beginnen dort mehrere sogenannte Balz- oder Spielnester zu errichten, die ein napfähnliches Aussehen haben und nach menschlichen Maßstäben nicht besonders ordentlich wirken. Diese befinden sich zwischen 0 und 2,5 m über dem Boden und werden entweder in einen Strauch (besonders beliebt sind Himbeer- und Wacholdersträucher) oder in einer (buschig wirkenden) krautigen Pflanze platziert. Von den Balznestern, die zunächst alle unvollendet sind, wird eines ausgewählt und dieses dient als späteres Brutnest. Dessen Fertigstellung erfolgt dann sehr zeitig am Tag, wenn noch Tau auf dem Gras liegt, weil sich dann letzteres besser formen lässt. Neben Grashalmen besteht das Brutnest noch aus Wurzelfasern, Tierhaaren und kleinen Federn. Das Gelege wird von beiden Partnern bebrütet. Ebenso beteiligen sich beide Eltern an der Fütterung der Nestlinge. Diese wachsen sehr zügig und verlassen bereits zwischen dem 11. und 12. Lebenstag das Nest. Sie bleiben in den folgenden 2–3 Wochen in der Nähe der Eltern und erhalten von diesen weitere Futtergaben.

Die Gartengrasmücke ist unscheinbar gefärbt, der Schnabel ist aber kräftiger als bei anderen Grasmücken.

Der eben ausgeflogene Gartenrotschwanz trägt noch ein tarnendes Jugendgefieder.

Gartenrotschwanz

Phoenicurus phoenicurus

Größe: 14 cm

Familie: Fliegenschnäpper, Muscicapidae

Verbreitungsgebiet: Mit Ausnahme einiger Teile der Iberischen Halbinsel, Irlands, Islands und Nordfinnlands besiedelt der Gartenrotschwanz ganz Europa sowie Teile Nordafrikas und Vorderasiens. In Sibirien ist er vom Ural bis zum Baikalsee anzutreffen.

Hauptnahrung: Insekten sowie deren Larven, Spinnen, kleine Würmer, Schnecken und gelegentlich Beeren

Brutzeit: Mai – Juli

Brutdauer in Tagen: 14

Eier pro Gelege: 6 – 7

Bruten pro Jahr: 1 – (meist) 2

Gesang

Beim Gartenrotschwanz, der auch oft als Gartenrotschwänzchen bezeichnet wird, handelt es sich um einen Singvogel mit einem ausgeprägten Geschlechtsdimorphismus. Beim Männchen sind Brust und Bauch rostrot, Kehle sowie Wangen schwarz und auf der Stirn befindet sich ein weißer Streifen. Im Unterschied dazu besitzt das Weibchen ein weitgehend beige-braunes Federkleid. Beide Geschlechter haben einen rostroten Schwanz, dem diese Vögel ihren Populärnamen verdanken.

Ursprünglich lebte der Gartenrotschwanz nur in trockenen Wäldern sowie an Waldrändern. Inzwischen ist er auch in Dörfern und Städten anzutreffen, wo er bevorzugt Parkanlagen, Alleen, große Gärten sowie alte Friedhöfe mit Altbaumbeständen besiedelt.

Bei den Gartenrotschwänzen handelt es sich um Langstreckenzieher, die den Winter im tropischen Afrika verbringen. Von dort kehren sie im April in ihre europäischen und sonstigen Brutgebiete zurück. Die Männchen treffen ein paar Tage früher ein und

Das Männchen im Prachtkleid ist kontrastreich gefärbt.

Manchmal nisten Gartenrotschwänze auch in Holzstapeln wie diesem.

beginnen sofort ein Revier zu besetzen, in dem sie nach geeigneten Bruthöhlen Ausschau halten. Sobald die Weibchen erscheinen, werden diese durch den Gesang der Männchen in deren Reviere gelockt. Dort zeigt das Männchen potenzielle Bruthöhlen, unter denen das Weibchen eine auswählt. Diese befinden sich zumeist in Bäumen oder Nistkästen, aber manchmal auch in Felsspalten, Holzstapeln und großen Reisighaufen.

Bei der Auswahl der Niststätte legt das Weibchen großen Wert darauf, dass sich das Innere der künftigen Kinderstube nicht komplett im Dunkeln befindet, sondern zumindest ein schwacher Lichteinfall, beispielsweise durch ein breites Einflugloch oder eine zweite Öffnung, vorhanden ist. Normalerweise führen Gartenrotschwänze eine monogame Saisonehe, aber gelegentlich sind auch bigamistische Verhaltensweisen bei einigen Männchen zu beobachten.

Der Ausbau des Nestes erfolgt zumeist nur durch das Weibchen. Dafür werden vorwiegend Stroh, trockene Gräser, Rindenstücke, Moos, Laub oder Kiefernnadeln sowie kleine Federn als Baumaterialien verwendet. Auch das Bebrüten des Geleges übernimmt das Weibchen, das während dieser Zeit vom Männchen mit Nahrung versorgt wird. Beide Altvögel beteiligen sich am Füttern der Jungen, die am 14. Lebenstag das Nest verlassen und erste Flugversuche starten.

In den meisten Bereichen ihres Verbreitungsgebietes zeigen Gartenrotschwänze seit über vier Jahrzehnten eine rückläufige Bestandsentwicklung. In Deutschland steht diese Art auf der Vorwarnliste der gefährdeten Brutvögel.

Das Weibchen lässt nichts vom Prachtkleid des Männchens erkennen.

Zur Brutzeit trägt das Männchen sein prächtigstes Kleid.

Der Gesang des Gelbspötters steckt oft voller Fremdimitationen.

Gelbspötter

Hippolais icterina

Größe: 13 cm

Familie: Rohrsängerartige, Acrocephalidae

Verbreitungsgebiet: Das sommerliche Brutgebiet des Gelbspötters erstreckt sich von Mitteleuropa und Südskandinavien bis nach Westsibirien.

Hauptnahrung: Insekten und deren Larven, Spinnen, Schnecken und Beeren

Brutzeit: Mai – Juli

Brutdauer in Tagen: 12 – 14

Eier pro Gelege: 4 – 6

Bruten pro Jahr: 1 – (sehr selten) 2

Gesang

Der Populärname nimmt Bezug auf das zitronengelbe Brust- und Bauchgefieder sowie auf die Tatsache, dass er – wie alle Spötterarten – den Gesang verschiedener anderer Vögel täuschend echt imitieren kann (In der Ornithologie wird das Imitieren anderer Vogelstimmen als „spotten" bezeichnet.).

Mit dem Orpheusspötter (*Hippolais polyglotta*) besitzt der Gelbspötter einen „Doppelgänger". Ursprünglich beschränkte sich dessen Verbreitungsgebiet auf Nordafrika sowie West- und Südeuropa, aber seit einigen Jahren erweitert der Orpheusspötter allmählich dieses Areal in östlicher und nördlicher Richtung. Dadurch kommt es in einigen Regionen bereits zu Überlappungen der Verbreitungsgebiete beider Arten. Am sichersten lassen sich beide Arten anhand ihrer Flügelsäume identifizieren, welche beim Gelbspötter gelb und beim Orpheusspötter oliv gefärbt sind.

Neben lichten Auen- sowie feuchten Laub- und Mischwäldern besiedelt dieser Singvogel auch häufig Feldgehölze, Friedhöfe und Gärten.

Gelegentlich versucht der Kuckuck (*Cuculus canorus*) dem Gelbspötter eines seiner Eier unterzuschieben. Aber im Unterschied zu vielen anderen Singvögeln, die mit viel Engagement das Kuckucksei ausbrüten und anschließend das Küken aufziehen, zeigen Gelbspötter kein derartiges Verhalten. Im Gegenteil, das deutlich größere Kuckucksei wird meist sofort als „Fremdkörper" erkannt und aus dem Nest geworfen.

Gelbspötter gehören zu den Langstreckenziehern, die den Winter im südlichen und tropischen Afrika verbringen, von wo aus sie im April in ihre Brutgebiete zurückkehren. Sie führen eine monogame Saisonehe. Die umfangreichsten Arbeiten beim Bau des napfförmigen Nestes, das sich zumeist in 1–4 m Höhe befindet, übernimmt das Weibchen. Zumeist platziert es das Nest so auf einem Ast, dass dessen dünne Zweige als Stützen fungieren. Um der zukünftigen „Kinderstube" noch mehr Stabilität zu verleihen, werden diese Zweige in die Nestwandung mit eingeflochten. Als Nistmaterial dienen vor allem Halme und Tierhaare, trockene Blätter und kleine Rindenstücke. Nicht selten werden auch Wollfäden und Papierstücke mit integriert. Anschließend bebrütet das Weibchen das Gelege allein. Während dieser Zeit wird es vom Männchen mit Nahrung versorgt. An der Fütterung der Nestlinge beteiligen sich beide Altvögel. Zwischen dem 14. und 16. Lebenstag verlassen die Küken das Nest. Danach werden sie noch 8–11 Tage von den Eltern geführt und mit Futter versorgt.

Im August ziehen die Gelbspötter in ihre afrikanischen Winterquartiere zurück.

Das Gimpelweibchen ähnelt dem Männchen, trägt aber unterseits grau mit einem Hauch von rosa.

Gimpel

Pyrrhula pyrrhula

Größe: 17 cm

Familie: Finken, Fringillidae

Verbreitungsgebiet: Mit Ausnahme Islands, Nordfinnlands sowie der größten Teile der Iberischen Halbinsel umfasst das Verbreitungsgebiet ganz Europa, Kleinasien, Sibirien und Japan.

Hauptnahrung: Samen, Knospen, Beeren, Insekten, Spinnen und kleine Schnecken

Brutzeit: Mai – Juli

Brutdauer in Tagen: 13 – 14

Eier pro Gelege: 4 – 6

Bruten pro Jahr: 2

Gesang

Im Mittelhochdeutschen gibt es zwei Bedeutungen für das Wort „Gimpel", wobei nicht eindeutig geklärt ist, welche bei der Namensgebung Pate stand. Möglichweise flossen sogar beide Bedeutungen ein. Die eine heißt übersetzt so viel wie „ungeschickter Hüpfer". Damit ist aber sicherlich nicht die Fortbewegungsweise dieses Vogels gemeint, sondern es wurde vermutlich eher Bezug auf seine bunte Gefiederfärbung genommen, die im Vergleich zu vielen anderen Singvögeln „aus der Reihe tanzt". Die andere Bedeutung ist eine abwertende Anspielung auf einen dummen Menschen, der anderen leicht „ins Garn" geht. Vielleicht war dies im übertragenden Sinne ein Hinweis, dass sich dieser Vogel leicht fangen ließ, denn vom Mittelalter bis zu Beginn des 19. Jahrhunderts war das Fangen von Finkenvögeln weitverbreitet.

Beim Gimpel ist ein ausgeprägter Geschlechtsdimorphismus vorhanden. Aufgrund des roten Brust- und Bauch- sowie des schwarzen Scheitelgefieders des Männchens, das an den Talar und die Kappe eines Geistlichen erinnert, wird dieser Vogel auch oft als Dompfaff oder seltener als Blutfink bezeichnet. In der älteren Malerei war der Gimpel ein sehr beliebtes Motiv, das gemeinsam mit anderen Tieren häufig im Garten Eden dargestellt wurde.

Die rote Unterseitenfärbung macht das Gimpelmännchen unverkennbar.

Mitteleuropäische Gimpel bleiben zumeist ganzjährig in ihrem Brutgebiet. Dagegen ziehen die meisten nordeuropäischen Exemplare im Herbst nach Mittel- oder Südeuropa.

Als Lebensraum bevorzugen Gimpel Nadel- beziehungsweise Mischwälder mit einem hohen Nadelholzanteil sowie umfangreichem Unterholz. Das napfförmige Nest, das vorwiegend vom Weibchen gebaut wird, befindet sich zumeist 1,2 – 2 m über dem Erdboden in einer dichten Fichte oder einem stark beblätterten Strauch. Es besteht größtenteils aus dünnen Zweigen sowie trockenen Krautstängeln und Grashalmen. Das Bebrüten des Geleges erfolgt durch das Weibchen, das während dieser Zeit vom Männchen mit Nahrung versorgt wird. Die Versorgung der frisch geschlüpften Nestlinge, die beide Eltern durchführen, erfolgt in den ersten Lebenstagen fast ausschließlich mit Blattläusen, Ameisen und kleinen Gehäuseschnecken. Später stellen die Eltern das Futter zunehmend auf Sämereien um. Nach etwa 15 – 18 Lebenstagen verlassen die Jungen das Nest. In der Folgezeit halten sie sich aber noch in dessen Nähe auf, um sich von den Eltern weiterhin mit Nahrung versorgen zu lassen.

Grauschnäpper

Muscicapa striata

Größe: 14 cm

Familie: Fliegenschnäpper, Muscicapidae

Verbreitungsgebiet: Mit Ausnahme des äußersten Nordens von Skandinavien umfasst das Sommerquartier des Grauen Fliegenschnäppers ganz Europa und erstreckt sich bis Nordafrika und zum Baikalsee in Sibirien.

Hauptnahrung: Graue Fliegenschnäpper jagen fast ausschließlich im Flug Insekten bis Libellengröße. Bei regnerischem Wetter begnügen sie sich mit Regenwürmern, Schnecken und/oder Früchten sowie Beeren. Bei Bienen und Wespen wird der Stachel beseitigt, bevor sie gefressen werden.

Brutzeit: Mai – Juli

Brutdauer in Tagen: 12 – 14

Eier pro Gelege: 2 – 6, meist aber 4 – 5

Bruten pro Jahr: 1 – (seltener) 2

Gesang

Der Grauschnäpper wird manchmal auch als Mückenfänger bezeichnet. Seinen Populärnamen verdankt dieser Singvogel seinem graubraunen Kopf-, Rücken-, Schwanz- und Flügelgefieder. Im Unterschied dazu ist der Bauch fast weiß und die Kehle sowie die Brust haben einen zartgrauen Farbton, worauf sich dunkle Striche befinden. Grauschnäpper gehören zu den Langstreckenziehern und verbringen den Winter südlich der Sahara. Von dort kehren sie Ende April/Anfang Mai zurück, um Brutreviere zu besetzen, die sich ursprünglich in Auen- und Laubwäldern befanden. Grauschnäpper haben sich jedoch als recht anpassungsfähig erwiesen und etablierten sich bereits in der Vergangenheit dauerhaft auch in Parks sowie auf Friedhöfen und in Gärten mit alten Baumbeständen. Manchmal siedeln sie sich sogar direkt in Ortschaften an. Auch bei der Wahl des Brutplatzes sind diese tendenziellen Halbhöhlenbrüter (in selteneren Fällen platzieren sie ihr Nest auch völlig offen) nicht sonderlich wählerisch. Neben Bereichen hinter lockerer Borke wird auch in ausgedienten Spechthöhlen, Astlöchern, Nistkästen, Holzstapeln, verlassenen Mauselöchern und an mit Efeu bewachsenen Hauswänden gebrütet.

Die spitzen Flügel des Grauschnäppers bedürfen sorgfältiger Pflege.

Von einer Warte aus startet der Schnäpper zum Insektenfang.

In den meisten Fällen führen Grauschnäpper eine monogame Saisonehe, aber gelegentlich kommt es bei einzelnen Männchen auch zur Bigamie. Der Bau des napfförmigen, nach menschlichen Maßstäben etwas unordentlich wirkenden Nestes sowie das anschließende Bebrüten des Geleges obliegen dem Weibchen. Das Männchen übernimmt während dieser Zeit die Fütterung des Weibchens. Nach dem Schlupf der Nestlinge beteiligt sich der Vater ebenfalls an der Nahrungsbeschaffung. Bei einem üppigen Nahrungsangebot verlassen die jungen Schnäpper meist 13 – 15 Tage nach dem Schlüpfen das Nest. Bei länger anhaltendem regnerischem Wetter verzögert sich diese Phase aufgrund der unzureichenden Nahrungsbeschaffung. Nach dem Verlassen des Nestes werden die Jungen noch weitere 3 – 4 Wochen durch die Altvögel betreut und gefüttert.

Die Mehrzahl der Grauschnäpper tritt ihren Flug in die Überwinterungsgebiete zwischen Anfang August und Ende September an. Einige besonders Eilige starten allerdings schon Ende Juli, während die Nachzügler sich erst Ende Oktober/Anfang November auf die Reise begeben.

Den männlichen Grauspecht erkennt man an der roten Stirn.

Grauspecht

Picus canus

Größe: 26 – 33 cm

Familie: Spechte, Picidae

Verbreitungsgebiet: Das Verbreitungsgebiet des Grauspechts erstreckt sich von Balkan, Mitteleuropa und Südskandinavien über die gemäßigten Klimaregionen Asiens bis nach Korea und Malaysia.

Hauptnahrung: Ameisen, Raupen, Grillen, Käfer, im Winter viel Beeren und Früchte. In seiner Ernährungsweise stellt der Grauspecht gewissermaßen ein Bindeglied zwischen dem Grünspecht und den übrigen Spechten Mitteleuropas dar, denn er sucht seine Nahrung sowohl am Boden als auch auf Gehölzen.

Brutzeit: Mai – Juni

Brutdauer in Tagen: 16

Eier pro Gelege: 5 – 6

Bruten pro Jahr: 1

Gesang

Der Grauspecht besitzt mit dem Grünspecht (*Picus viridis*) einen „Doppelgänger“. Trotzdem lassen sich beide Arten anhand folgender Merkmale gut unterscheiden: Beim Grünspecht besitzen beide Geschlechter rote Stirn-, Scheitel- und Nackenabzeichen. Dagegen hat beim Grauspecht nur das Männchen eine solche rote Stirnplatte, die jedoch viel kleiner als beim Grünspecht ist. Des Weiteren sind die Wangenbereiche des Grünspechts komplett schwarz, während der Grauspecht nur ein Zügelband sowie einen schwarzen Bartstreif aufweist. In seltenen Ausnahmefällen kann es allerdings auch zur Bastardierung zwischen Grün- und Grauspecht kommen. Die aus dieser Verpaarung hervorgegangen Nachkommen weisen in unterschiedlicher Intensität Merkmale beider Eltern auf.

Obwohl Grauspechte die Innenbereiche von Mischwäldern als Lebensräume bevorzugen, kommen sie auch in halboffenen Landschaften, Parkanlagen, Obstgärten und auf Friedhöfen mit umfangreichen Baumbeständen vor. Dagegen werden reine Nadelwälder, mit Ausnahme von Lärchenbeständen, gemieden.

Die meiste Zeit des Jahres sind Grauspechte als Einzelgänger unterwegs, die sich nur zur Paarungszeit zusammenfinden. Die Balz beginnt oft schon im Februar, indem die Männchen durch Strophen, die wie „gigigigügügü“ klingen, und mit langanhaltendem Trommeln auf sich aufmerksam machen. Als Brutstätte werden entweder Schwarzspechthöhlen nachgenutzt, Buntspechthöhlen erweitert oder, falls diese nicht zur Verfügung stehen, eine eigene gezimmert. Als Polstermaterial für den Boden der Bruthöhle dienen trockene Holzspäne.

Beide Altvögel brüten und beteiligen sich auch am Hudern sowie an der Fütterung der Nestlinge. Während der Brutphase stellen die Altvögel weitgehend die Rufe wie auch das Trommeln ein, um damit nicht potenzielle Fressfeinde auf die Position der Nisthöhle hinzuweisen. Bis zum Herausklettern aus der Bruthöhle benötigen die Spechtküken 23–27 Tage. Im Anschluss werden sie noch einige Wochen von den Eltern gefüttert und geführt.

Grauspechte betätigen sich im Winter oft als Nachnutzer in den Gängen der „Ameisen-Speisekammern“ des Schwarzspechts (*Dryocopus martius*). Um an diese Insekten zu gelangen, gräbt letzterer in Waldameisenhügel oft tiefe Löcher und kleine Gänge, welche danach den Grauspechten als sehr komfortable Einstiegspforten dienen.

Das junge Grauspechtweibchen wird bald die Bruthöhle verlassen.

Das Grünspechtweibchen zeigt ein charakteristisches Flugbild.

Grünspecht

Picus viridis

Größe: 31 – 36 cm

Familie: Spechte, Picidae

Verbreitungsgebiet: Der Grünspecht besiedelt mit Ausnahme des nördlichen Skandinaviens und Irlands ganz Europa, Vorderasien und die Kaukasusregion sowie Turkmenistan.

Hauptnahrung: Grünspechte suchen Nahrung, die vorrangig aus Ameisen, anderen kleinen Insekten und Würmern besteht, zum größten Teil am Boden. Gelegentlich werden die tierischen Futterkomponenten durch die Aufnahme von Beeren und Obst ergänzt.

Brutzeit: April – Mai

Brutdauer in Tagen: 14 – 17

Eier pro Gelege: 5 – 7

Bruten pro Jahr: 1

Gesang

Der Atlasgrünspecht (*Picus vaillantii*) wurde lange Zeit als Unterart des Grünspechts angesehen. Inzwischen gilt diese Auffassung als überholt und der Atlasgrünspecht hat einen eigenständigen Artstatus erhalten.

Der Grünspecht wird aufgrund seiner stark bodenorientierten Lebensweise auch als Erd-, Gras- oder Lachender Specht bezeichnet. Die letztgenannte Bezeichnung verdankt dieser Vogel seinem Gesang „kjückkjückkjück", der mit ein wenig Fantasie an ein gellendes Lachen erinnert.

Im Vergleich zum Buntspecht (*Dendrocopos major)* klettert der Grünspecht kaum ruckartig, sondern eher fließend, ohne dabei die Schnelligkeit des Grauspechts (*Picus canus)* zu erreichen. Bei der Fortbewegung am Boden wirkt der Grünspecht allerdings eleganter als alle anderen heimischen Spechtarten, wobei des Öfteren 20–25 cm weite Sprünge ausgeführt werden.

Im Unterschied zum Grauspecht befand sich der ursprüngliche Lebensraum des Grünspechtes nicht im Waldinneren, sondern in den Randgebieten von Laub- und Mischwäldern. Außerdem hat er Parkanlagen, Obstplantagen, Alleen, Feldgehölze sowie Gärten und Friedhöfe, die einen großen Altholzbestand aufweisen, als zusätzliche Siedlungsbereiche erschlossen.

Beim Männchen ist der schwarze Bartstreif durch Rot unterteilt.

Das Männchen bei der Ameisensuche am Boden.

Ähnlich wie der Schwarzspecht (*Dryocopus martius)* bohrt auch der Grünspecht häufig große Löcher in Ameisenhügel, um sich anschließend an diesen Insekten und deren Larven zu laben.

Weibliche Grünspechte erkennt man daran, dass sie nur einen schwarzen Wangenstreifen besitzen, während beim Männchen zwei vorhanden sind, welche einen roten Bereich umsäumen. Außerdem sind die Weibchen etwas größer und schwerer als die Männchen.

Grünspechte legen im Laufe der Zeit zahlreiche Höhlungen in Bäumen an. Sobald im Frühjahr die Familienplanung ansteht, wird nicht selten eine bereits vorhandene Höhlung zur Bruthöhle ausgebaut. Diese Arbeit führen beide Partner aus, wodurch gleichzeitig die Paarbindung gefestigt wird. Am Erbrüten des Geleges sowie der späteren Betreuung und Fütterung der Nestlinge beteiligen sich ebenfalls beide Partner. Bis der Nachwuchs die schützende Höhle verlässt, vergehen 23–27 Tage. Danach kümmern sich die Eltern weiterhin um ihre Jungen, indem sie diese noch 3–4 Wochen lang füttern und mit auf Nahrungssuche nehmen.

Der Althabicht ist auf der Unterseite quergebändert, der Schwanz am Ende leicht gerundet.

Habicht

Accipiter gentilis

Größe: Männchen 48 – 53 cm,
Weibchen 57 – 62 cm

Familie: Habichtartige, Accipitrida

Verbreitungsgebiet: Habichte kommen in Europa, den gemäßigten Klimaregionen Asiens sowie in Nordamerika vor.

Hauptnahrung: Kleine bis mittelgroße Vögel, Säuger bis Hasengröße, bei Nahrungsknappheit wird Aas gefressen.

Brutzeit: März – April

Brutdauer in Tagen: 35 – 39

Eier pro Gelege: 2 – 4

Bruten pro Jahr: 1

Rufe

Die wissenschaftliche Bezeichnung des Habichts („Accipiter“ = der Zugreifende und „gentilis“ = der Edle) basiert sehr wahrscheinlich auf der Tatsache, dass er in früheren Jahrhunderten zu den beliebtesten Vögeln für die Beizjagd gehörte.

Während die Weibchen bis 1400 g schwer werden, erreichen die auch als Terzel bezeichneten Männchen nur ein Gewicht von 650–700 g. Aufgrund dieser geringeren Körpergröße kommt es zu gelegentlichen Verwechslungen mit weiblichen Sperbern *(Accipiter nisus)*, welche dem männlichen Altvogel in Gestalt und Gefiederfärbung ähnelt. Als hilfreiche Bestimmungsmerkmale haben sich die Kopfformen und -proportionen sowie die Überaugenstreifen erwiesen. Letztere sind beim Habicht stärker ausgeprägt als beim Sperber. Des Weiteren wirkt der Sperberkopf klein und rundlich, während dieser beim Habicht eher kantig bis wuchtig erscheint. Außerdem gewinnt man aufgrund des kleinen Kopfes den Eindruck, als seien beim Sperber die Augen besonders groß.

Beim Habicht handelt es sich um einen scheuen, zurückgezogen lebenden Vogel, den man nur selten zu Gesicht bekommt. Als schneller und zugleich äußerst geschickter Flieger ist er aufgrund seiner hervorragenden Manövrierfähigkeiten sogar in der Lage, Beutetiere in relativ dichten Gehölzbeständen zu verfolgen. Hinzu kommt, dass es sich beim Habicht um einen Überraschungsjäger handelt. Er jagt entweder von einem verborgenen Ansitz aus oder im dicht über dem Boden stattfindenden Suchflug. In den meisten Fällen taucht er dabei scheinbar aus dem Nichts auf und verschwindet ebenso schnell wieder. Seit einigen Jahren haben manche Habichte auch Großstädte als Lebensräume „entdeckt“, wo sie vor allem Tauben, Elstern sowie Krähen nachstellen.

Habichte zeichnen sich durch eine große Treue sowohl gegenüber ihrem Partner als auch ihrem Revier aus. Dieses wird nicht nur gegen Artgenossen, sondern auch gegen andere Greifvögel verteidigt. Außerhalb der Brutzeit streifen die Habichte als Einzelgänger herum. Sobald jedoch die Brutzeit beginnt, finden sie sich wieder in ihrem Revier zusammen. Soweit der vorjährige Horst noch vorhanden ist, wird er oft nur ausgebessert und erneut als Nistplatz genutzt. Ansonsten erfolgt der Bau des neuen Horstes, der sich bevorzugt in einer kräftigen Astgabel eines hohen Baumes befindet.

Nach dem Schlüpfen der Küken versorgt der Terzel etwa 20 Tage lang seine Familie mit Nahrung. Während dieser Zeit bewacht das Weibchen die Jun-

Der Junghabicht hat eine Ente erbeutet.

gen und hudert diese des Öfteren. Danach beteiligt es sich zunehmend intensiver an der Nahrungsbeschaffung. Nach rund sechs bis sechseinhalb Wochen werden die Jungen flügge. Obwohl die Jungen dann bereits flugfähig sind, halten sie sich noch weitere 30 Tage in der Nähe des Horstes auf. Im Unterschied zu jenem Lebensabschnitt, den die Jungen im Horst verbrachten (Nestlingszeit), wird dieser Lebensabschnitt als Ästlingszeit bezeichnet, weil sie dann viel in den Bäumen herumsitzen.

Oftmals entwickelt sich ein extrem feindseliges Verhältnis zwischen Habichten und Uhus (*Bubo bubo*), wenn letztere den vorjährigen Habichtshorst bereits als Brutplatz „requiriert" haben. Mitunter tummeln sich dann schon die Uhuküken im „Althorst" der Habichte, sobald diese ihn wieder beziehen wollen. In derartigen Situationen töten die Habichte die jungen Uhus, wenn sich deren Eltern nicht in der Nähe des Horstes befinden. Als Folgereaktion startet das Uhupaar äußerst heftige Attacken gegen die Habichte, welche für letztere zumeist tödlich enden.

Der Jagdflug führt niedrig über den Boden.

Der Junghabicht ist durch die getropfte, rötlich graue Unterseite gekennzeichnet.

Männchen

Haselhuhn

Tetrastes bonasia

Größe: Hähne bis 36 cm
Hennen bis 34 cm

Familie: Fasanenartige, Phasianidae

Verbreitungsgebiet: Punktuelle Haselhuhn-Vorkommen existieren in Frankreich und Mitteleuropa. Das Hauptverbreitungsgebiet erstreckt sich von Südskandinavien und Westpolen über Russland und die Sibirische Taiga bis Ostchina.

Hauptnahrung: Knospen, Blüten, Beeren; ferner Insekten und deren Larven, Spinnen und Schnecken (Tierische Nahrung spielt vor allem in den ersten drei Lebenswochen der Küken noch eine wichtige Rolle.)

Brutzeit: April – Mai

Brutdauer in Tagen: 23 – 25

Eier pro Gelege: 7 – 10

Bruten pro Jahr: 1

Gesang

Das Haselhuhn ist in der Unterfamilie der Raufußhühner (*Tetraoninae*) integriert. Den Hahn erkennt man am schwarz gefiederten Kehlbereich, der bei der Henne eine schmutzig weiße Grundfärbung hat, auf der sich eine bräunliche Bänderung befindet. Beide Geschlechter sind in der Lage, ihr Kopfgefieder bei Erregung aufzurichten.

Haselhühner bevorzugen als Lebensraum reichstrukturierte Wälder mit üppigen Krautzonen und reichlich Unterholz, das ihnen jederzeit eine gute Deckung bietet. Sie führen eine sehr versteckte Lebensweise und halten sich viel am Boden auf. Bei einer drohenden Gefahr drücken sich Haselhühner allerdings nicht auf den Boden, sondern laufen oder fliegen davon. Dabei zeigen diese Raufußhühner eine erstaunlich gute Manövrierfähigkeit, wenn sie zwischen dichten Bäumen und Sträuchern hindurchgleiten.

Haselhühner sind monogam und besetzen während der Fortpflanzungszeit Reviere. Die erste Balz, jedoch ohne Kopulation, erfolgt bereits im Herbst, bei welcher sich die Paare finden und danach zumeist während des gesamten Winters zusammenbleiben. Im Frühling erfolgt eine weitere Balz, bei der die Paarung erfolgt.

Als Nistplatz dient eine flache Bodenmulde, die das Weibchen ausscharrt und mit einigen trockenen Pflanzenteilen spärlich auskleidet. Diese Niststätte ist fast immer sehr gut getarnt, indem sie sich beispielsweise unter einem Steinvorsprung oder unter

Der Hahn zeigt seine Erregung durch die aufgerichtete Haube auf dem Scheitel.

dicht stehenden Gehölzen befindet. Als typische Nestflüchter verlassen die Küken bereits kurz nach dem Schlupf das Nest und begeben sich mit der Mutter zumeist auf sonnige Waldlichtungen und/oder auf Waldwiesen. Um den Wärmeverlust so gering wie möglich zu halten und gleichzeitig die familiären Bande noch stärker zu festigen, werden die Küken in den ersten Lebenstagen von ihrer Mutter in 5–10minütigen Abständen kurz gehudert. Etwa am 15. Lebenstag sind sie flugfähig.

In Abhängigkeit davon, wann die Küken geschlüpft sind und wie schnell sie sich entwickeln, bleiben die Haselhühner 2–3 Monate als Familienverband zusammen. Danach entfernen sich die Jungen aus dem Revier ihrer Eltern.

Beim Singen seiner Strophe nimmt der Hahn eine kugelförmige Gestalt an.

Haubenmeise

Lophophanes cristatus

Größe: 11 – 11,5 cm

Familie: Meisen, Paridae

Verbreitungsgebiet: Von der Iberischen Halbinsel bis nach Westsibirien. Die Haubenmeise fehlt lediglich (bis auf ein Gebiet in Schottland) in Großbritannien, auf der Apenninenhalbinsel, Teilen des Balkans sowie in Nordskandinavien.

Hauptnahrung: Insekten, deren Larven, Spinnen und Sämereien (diese bevorzugt von Nadelbäumen, wobei die von Fichten besonders gern gefressen werden)

Brutzeit: April – Juni

Brutdauer in Tagen: 13 – 18

Eier pro Gelege: 7 – 10

Bruten pro Jahr: 2

Gesang und Rufe

Ihren Populärnamen verdankt diese Meise dem Federbusch, der den Scheitel ziert und an einen Irokesenhaarschnitt erinnert. Auch der wissenschaftliche Artname „cristatus“ nimmt Bezug auf diesen Federbusch. „Cristatus“ leitet sich von dem lateinischen Wort „Crista“ = der Kamm ab. Regional sind für Haubenmeisen des Weiteren die Begriffe Schopf- und Kobel-Meise gebräuchlich.

In Mischwäldern siedeln sich Haubenmeisen nur selten an. Stattdessen werden dichte Nadelwälder als Lebensräume bevorzugt (In Kiefernwäldern ist sie die häufigste und oft einzige Meisenart.). In ihren jeweiligen Biotopen halten sich die Haubenmeisen gern in den Kronenbereichen der Bäume auf.

Haubenmeisen sind äußerst standorttreu und dulden ganzjährig keine Artgenossen in ihren Revieren. Ab dem Spätsommer betreiben diese kleinen Singvögel in geringem Umfang Vorratswirtschaft, indem sie Samen von Nadelbäumen in Borkenritzen verstecken. Sobald die Haubenmeisen im Winter nicht ausreichend Nahrung finden, suchen sie oft ihre Vorratslager auf, um sich satt zu fressen.

Haubenmeisen leben in einer monogamen Dauerehe zusammen. Das Nest wird in einer möglichst engen Bruthöhle platziert, die das Weibchen zumeist in einen Weichholzbaum meißelt. In selteneren Fällen werden auch verlassene Spechthöhlen als Kinderstuben genutzt. In der gewählten Höhle erfolgt der Bau des Nestes, das vorwiegend aus Flechten, Moos, Tierhaaren und Spinnweben besteht.

Das Futter für die Jungen besteht aus Insekten und anderen Kerbtieren.

Das Weibchen bebrütet allein das Gelege und wird während dieser Zeit vom Männchen mit Nahrung versorgt. Nach dem Schlupf beteiligen sich beide Eltern an der Fütterung der Küken, die bis zu 3 Wochen im Nest verbleiben. Danach verlassen die Jungen das Nest, halten sich aber weitere drei Wochen in der Nähe der Eltern auf, wo sie dann weitere drei Wochen gefüttert werden.

Das Weibchen meißelt eine Höhle in morsches Holz und sorgt auch für den Innenausbau.

Heckenbraunelle

Prunella modularis

Größe: 14 – 15 cm

Familie: Braunellen, Prunellidae

Verbreitungsgebiet: Heckenbraunellen besiedeln ein Gebiet, das sich von Nordspanien über die Britischen Inseln, Mitteleuropa sowie die Alpen und Karpaten bis hinter den Ural und Kleinasien erstreckt. Außer in den nördlichen Bereichen ist sie auch in Skandinavien heimisch.
In Neuseeland, wo der Mensch die Heckenbraunelle aussetzte, konnte sich dieser Singvogel dauerhaft etablieren.

Hauptnahrung: Insekten (mit Vorliebe Blattläuse) und deren Larven, Spinnen sowie Samen

Brutzeit: April – Juni

Brutdauer in Tagen: 14

Eier pro Gelege: 4 – 5

Bruten pro Jahr: 2

Gesang

Gelegentlich wird die Heckenbraunelle für einen weiblichen Haussperling (*Passer domesticus*) gehalten. Von diesen unterscheidet sie sich aber eindeutig durch den schlanken Schnabel und ihr blaugraues Kopf-, Kehl- und Brustgefieder. Lediglich der Bereich um die Augen ist bräunlich.

Als Lebensraum bevorzugen Heckenbraunellen die Randbereiche von unterholzreichen Laub-, Misch- und Nadelwäldern. Gern siedelt sie sich auch in Fichtenschonungen sowie in Parks und Gärten an, die üppige Strauchbestände aufweisen. Heckenbraunellen sind verhältnismäßig vorsichtig. Vor allem wenn sie während der Futtersuche den Sichtschutz einer Hecke, eines dichten Kräuterbestandes oder eines Busches verlassen muss, bewegt sich die Heckenbraunelle äußerst behutsam und sichert mit den Augen die Umgebung intensiver als die meisten anderen Singvögel ab.

Im Oktober ziehen die Populationen aus den höhergelegenen Regionen sowie klimatisch ungünstigeren (in erster Linie sehr winterkalten) Gebieten nach Südeuropa und Nordafrika. Von dort kehren sie Ende März/Anfang April in ihre Brutgebiete zurück.

Bei den Heckenbraunellen besetzen auch häufig die Weibchen Reviere, welche sich fast immer mit denen von mehreren Männchen überlappen. Deshalb stellt es keine Ausnahme dar, wenn ein Weibchen zwei oder mehr Männchen als Sexualpartner hat. Ebenso kommt es vor, dass ein Männchen sich mehrere Weibchen sucht. Manchmal schließt sich auch ein Paar zusammen, um ein gemeinsames Revier zu besetzen. Dieses wird dann gegen andere Heckenbraunellen verteidigt.

Den Bau des napfförmigen Nestes bewerkstelligt das Weibchen allein. Dieses befindet sich fast immer knapp über dem Erdboden (selten höher als 50 cm platziert) und besteht vorwiegend aus Halmen, Wurzeln und trockenen Blättchen. Die Nestmulde wird mit Bastfasern, feinem Heu und Tierhaaren gepolstert. Anschließend brütet das Weibchen fast ausschließlich allein, wobei es von dem/den Männchen mit Nahrung versorgt wird. Insbesondere in Jahren, in denen es im April noch sehr kalt ist und die Vegetation nur zögerlich „in Schwung“ kommt, fehlt häufig eine ausreichende Tarnung für das Nest. Dadurch fallen viele Heckenbraunellen-Gelege Nesträubern zum Opfer.

Junge, die keinen Fressfeinden zum Opfer fallen, werden von beiden Eltern 11 bis 14 Tage lang gefüttert. Danach verlassen sie zwar das Nest, ohne schon völlig flügge zu sein, erhalten aber noch 10 weitere Tage Futter von den Altvögeln.

Im Gegensatz zu Haussperlingen haben Heckenbraunellen einen schlanken Schnabel und eine blaugraue Unterseite.

Das Männchen ist am kontrastreichen Gefieder kenntlich.

Kernbeißer

Coccothraustes coccothraustes

Größe: 17 cm

Familie: Finken, Fringillidae

Verbreitungsgebiet: Mit Ausnahmen von Irland sowie großflächigen Bereichen Skandinaviens und der Iberischen Halbinsel erstreckt sich das Verbreitungsgebiet des Kernbeißers von Europa bis nach Nordwestafrika und über gemäßigte Klimazonen Asiens bis Japan.

Hauptnahrung: Samen, Früchte, Knospen, Bucheckern, Nüsse, Insekten und deren Larven, Spinnen sowie Regenwürmer

Brutzeit: April – Juni

Brutdauer in Tagen: 13

Eier pro Gelege: 4 – 6

Bruten pro Jahr: 1

Gesang und Rufe

Der Kernbeißer ist der größte Finkenvogel Mitteleuropas. Er besitzt einen wuchtigen Schnabel, der sich durch anatomische Besonderheiten auszeichnet. So befinden sich im Oberschnabel mehrere parallel verlaufende Schneidekanten und der Unterschnabel ist fest mit dem Schädel verwachsen. Damit bricht der Kernbeißer – seinem Namen alle Ehre machend – tatsächlich Kirschkerne auf, wobei dieser kleine Kerl einen Beißdruck von rund 50 kg entwickeln kann. Aufgrund dieser außergewöhnlichen Eigenschaft wird der Kernbeißer auch als Kirschkernbeißer sowie als Kirschfink bezeichnet. Seine Größe, die kompakte Statur und die Tatsache, dass er sich am Futterhäuschen gegen andere Vögel zumeist behauptet, brachte ihm außerdem die Bezeichnung „Finkenkönig" ein. Ein Geschlechtsdimorphismus ist bei Kernbeißern nicht sonderlich stark ausgeprägt. Beim Männchen sind lediglich die Farben etwas intensiver und klarer gegeneinander abgegrenzt, während diese beim Weibchen stellenweise ein wenig ineinander überlaufen.

Kernbeißer meiden weitgehend reine Nadelwälder. Stattdessen bevorzugen sie lichte Laub-, Misch- und Auenwälder, die viel Unterwuchs aufweisen, als Lebensräume. Außerdem siedeln sie sich gelegentlich in Parks sowie größeren Gärten und auf Streuobstwiesen an.

Während der Sommermonate bekommt man Kernbeißer gewöhnlich nur selten zu sehen. Das liegt zum einen daran, dass sie während dieser Jahreszeit relativ scheu sind und andererseits eine Vorliebe für die Kronenbereiche hoher Bäume haben, welche sie nur ungern verlassen. Hinzu kommt, dass es sich bei diesen Vögeln um sehr „stille Gesellen" handelt, die nur selten zwitschern.

Im Winterhalbjahr zeigen sie ein etwas anderes Verhalten, indem sie zum Boden fliegen, um ausgefallene Samen aufzusammeln.

Kernbeißer führen eine monogame Brutehe und bleiben wahrscheinlich auch außerhalb dieser Zeit zusammen (exakte Feldbeobachtungen liegen hierzu noch nicht in ausreichendem Umfang vor). Am Nestbau beteiligen sich beide Partner, wobei das Weibchen etwa zwei Drittel der dafür erforderlichen Arbeiten erledigt.

Als Platz für ihr schalenförmiges Nest wählen die Kernbeißer zumeist Astgabeln oder -quirle, die sich

weit oben an einem Baumstamm befinden. Das Nest besteht vorwiegend aus Reisig und ist im Inneren mit Moos und kleinen Federn gepolstert.

Das Bebrüten des Geleges übernimmt das Weibchen, welches während dieser Zeit vom Männchen mit Nahrung versorgt wird. Nach dem Schlupf hudert das Weibchen die Küken sehr häufig und füttert sie anfangs mit Nahrung aus dem Kropf. Zwischen dem 12. bis 14. Lebenstag verlassen die Jungen zwar das Nest, bleiben aber in dessen Nähe. Sie erhalten weiterhin Futter von den Eltern, bevor sie sich mit diesen ab dem 20. Lebenstag gemeinsam auf Nahrungssuche begeben.

Der starke Schnabel befähigt den Kernbeißer, harte Samen und Früchte zu öffnen.

Das Weibchen leistet die meiste Arbeit. Hier bringt es Futter zu der von ihr durch „Kleiben“ verkleinerten Bruthöhle.

Kleiber

Sitta europaea

Größe: 14 cm

Familie: Kleiber, Sittidae

Verbreitungsgebiet: Kleiber sind in einem Gebiet zu Hause, das sich von Großbritannien sowie Südskandinavien über Europa und die gemäßigten Klimaregionen Asiens bis nach Japan erstreckt. Außerdem besiedelt dieser Vogel Bereiche in Nordwestafrika.

Hauptnahrung: Insekten und deren Larven, Spinnen, Samen, Beeren und Haselnüsse, Eicheln und Bucheckern

Brutzeit: April – Mai

Brutdauer in Tagen: 14 – 18

Eier pro Gelege: 6 – 9

Bruten pro Jahr: 1

Gesang

Der Kleiber wird auch als Spechtmeise bezeichnet, weil er sowohl in zahlreichen Verhaltensweisen als auch in seinem Aussehen den Vertretern dieser beiden Vogelfamilien ähnelt. Seinen Populärnamen verdankt dieser kleine Vogel mit dem relativ kurzen Schwanz einem mittelalterlichen Handwerksberuf. Damals waren die Kleiber für das Mauern von Lehmwänden zuständig. Das „Mauern" mit Lehm spielt während der Vermehrungsphase dieser Vögel auch oftmals eine wichtige Rolle. Wenn ihnen die Eingänge von Baumhöhlen, in denen sie brüten wollen, zu breit erscheinen, werden diese vom Kleiberweibchen bis auf eine kleine Öffnung mit Lehm zugemauert. Diese Öffnung ist so schmal, dass die Kleiber selbst gerade noch so hindurchpassen. Der Lehm härtet sehr schnell aus und schützt in der Folgezeit die Insassen der Bruthöhle vor Zugriffen durch Katzen, Marder und Rabenvögel.

Oftmals hört man die Rufe und Gesänge des Kleibers, die wie „tüh, tüh, tüh", „twit, twit" oder „sit, sit" klingen, bevor man ihn sieht. Häufig sind die Vögel in Bewegung, indem sie, vielfach mit dem Kopf voran, an einem Baumstamm flink herunterklettern. Aber nicht nur dieses den-Kopf-voran-nach-unten-Klettern ist eine markante Fortbewegungsweise des Kleibers,

Das Weibchen stützt sich bei der Fütterung, im Gegensatz zum Specht, nicht mit dem Schwanz ab.

Kleiber beherrschen die Haltung abwärts am Stamm.

sondern dieser Vogel ist auch zum Rückwärtsklettern befähigt (allerdings kann man diese Bewegungsweise nur selten beobachten).

Mit Vorliebe bewohnen Kleiber lichte Misch- und Laubwälder. Des Weiteren siedeln sich Kleiber auch gern in Parkanlagen und Gärten, auf größeren Streuobstwiesen und mit alten Bäumen bestandenen Friedhöfen an.

In der Bruthöhle errichtet das Weibchen vorwiegend allein ein Nest aus trockenem weichen Pflanzenmaterial und kleinen Borkenstücken sowie Federn als Polstermaterial für die Nestmulde. Auch die Erbrütung des Geleges wird ausschließlich vom Weibchen erledigt. An der späteren Fütterung der Nestlinge beteiligen sich aber beide Altvögel. Etwa dreieinhalb Wochen nach dem Schlupf verlassen die jungen Kleiber die Bruthöhle.

Kleiber betreiben das ganze Jahr über eine intensive Vorratswirtschaft. Zu diesem Zweck legen sie Verstecke in Baumritzen an, die zur Tarnung mit Moosen und Flechten überdeckt werden. Um diese Vorratskammern gemeinsam zu nutzen, bleiben die Altvögel oft auch den Winter über zusammen. Im Zusammenhang mit dem Nahrungserwerb ist auch die folgende Verhaltensweise sehr interessant: Größere erbeutete Tiere, wie etwa Maikäfer, werden in eine Borkenspalte geklemmt und anschließend in schnabelgerechte Stücke zerhackt. In analoger Weise verfahren diese Vögel mit Haselnüssen, Eicheln und Bucheckern.

Dem weiblichen Kleinspecht fehlt die rote Färbung am Kopf.

Kleinspecht

Dryobates minor

Größe: 14,5 – 15 cm

Familie: Spechte, Picidae

Verbreitungsgebiet: Außer in Nordskandinavien, Irland, den nördlichen Bereichen Großbritanniens sowie in großen Teilen Spaniens, Portugals und der Türkei ist der Kleinspecht in ganz Europa vertreten. Sein östliches Verbreitungsgebiet erstreckt sich über Russland und Sibirien bis Kamtschatka und Nordjapan.

Hauptnahrung: Insekten und deren Larven, Würmer, Spinnen sowie Schnecken (Ein Großteil der gefressenen Insekten sind Blattläuse und Ameisen.)

Brutzeit: Mai – Anfang Juni

Brutdauer in Tagen: 11 – 14

Eier pro Gelege: 5 – 6

Bruten pro Jahr: 1

Trommeln

Vom Buntspecht unterscheidet sich der Kleinspecht nicht nur durch seine deutlich geringere Größe, sondern auch durch die Färbung seines Scheitelgefieders. Dieses ist nicht schwarz, sondern bei den männlichen Kleinspechten leuchtend rot und bei den Weibchen weiß. Außerdem besitzen die Kleinspechte keine großflächigen, rein weißen Bereiche in ihrem Flügelgefieder. Stattdessen wird dieses von einer schwarz-weißen Bänderung durchzogen, die auch über den Rücken verläuft.

Am wohlsten fühlen sich Kleinspechte in feuchten, lichten Laub- und Mischwäldern. Außerdem finden sie sich gelegentlich in Feldgehölzen, in Obstplantagen sowie in Parks und Gärten ein, die einen Bestand an alten hohen Bäumen aufweisen.

Wenn Kleinspechte keine Geräusche von sich geben, sind sie nur schwer zu entdecken, da diese Art bevorzugt in den Kronenbereichen der Bäume herumklettert. In Mitteleuropa zeichnen sich die männlichen Kleinspechte normalerweise durch eine ganzjährige Reviertreue aus. Zumeist bleibt auch das Weibchen im Brutrevier und hält mit ihrem letzten Paarungspartner einen lockeren Kontakt. Aus diesen Gründen treten unter den letztjährigen Partnern erneute Verpaarungen recht häufig auf.

Trommellaute und Rufe, welche die Kleinspechte mitunter schon im Januar ertönen lassen, sind Vorboten der Balz und dienen neben der Annäherung auch zum Aggressionsabbau gegenüber dem künftigen Partner. Im März/April führt das Männchen Schauflüge mit ausgebreiteten Flügeln durch und nähert sich dem Weibchen, welches auf einem Baum sitzend wartet. Nach der Landung auf diesem Baum klettert das Männchen vorsichtig an das Weibchen heran, um letztendlich mit diesem zu kopulieren. Zuvor hat das Männchen eine Bruthöhle (normalerweise in einem toten Weichholzbaum) zu Ende gemeißelt. In diese zieht das Weibchen ein und legt die Eier, welche anschließend von beiden Partnern bebrütet werden (vom Männchen nachts).

Artgenossen werden von dem Kleinspechtpaar genauso energisch vertrieben wie potenzielle Nisthöhlenkonkurrenten, zu denen beispielsweise der Kleiber (*Sitta europaea*) gehört.

Nachdem die Nestlinge geschlüpft sind, werden sie in der Bruthöhle 20 Tage lang von den Altvögeln mit Nahrung versorgt. Ab dem 14. Lebenstag klettern die Jungen bereits zum Einflugloch, um den Eltern die Nahrung abzunehmen. Sobald die Jungen die Höhle gänzlich verlassen haben, werden sie von den Altvögeln zumeist in zwei Gruppen aufgeteilt. Jeder Altvogel übernimmt in den folgenden 14 Tagen die Betreuung einer dieser Gruppen.

Ein Kleinspecht-Männchen mit roter Kopfplatte und quergebändertem Rücken.

Kohlmeise

Parus major

Größe: 14 cm

Familie: Meisen, Paridae

Verbreitungsgebiet: Mit Ausnahme einiger nördlicher Gebiete Skandinaviens erstreckt sich der Lebensraum der Kohlmeise vom restlichen Europa über Sibirien und die Mongolei bis nach Ostchina. Außerdem ist sie in Nordafrika sowie im Vorderen Orient verbreitet. In diesem riesigen Verbreitungsgebiet haben sich mehrere Unterarten entwickelt, die sich vor allem in Nuancen ihrer Gefiederfärbung unterscheiden.

Hauptnahrung: Insekten und deren Larven, kleine Würmer, Spinnen und Früchte, Nüsse und Samen. Im Sommer fressen nicht nur die Jungen, sondern auch die erwachsenen Kohlmeisen fast ausschließlich tierische Komponenten. Sobald es Herbst wird, stellen sie ihre Nahrung zu einem großen Teil auf pflanzliche Bestandteile um.

Brutzeit: April – Juli

Brutdauer in Tagen: 12 – 15

Eier pro Gelege: 7 – 12 (meist 8 – 10)

Bruten pro Jahr: 1 – 2

Gesang

Die Kohlmeise ist die größte und gleichzeitig am häufigsten vorkommende Meisenart Mitteleuropas. Seinen heutigen Populärnamen erhielt dieser farblich attraktive Singvogel im 15. Jahrhundert. Bis dahin war die Bezeichnung „Schwarzmeise“ noch sehr gebräuchlich. In der Folgezeit setzte sich jedoch zunehmend der Begriff „Kohlmeise“ durch.

Ursprünglich besiedelten Kohlmeisen Wälder aller Art, aber seit dem 18. Jahrhundert entwickelten sie sich allmählich zu sehr anpassungsfähigen Kulturfolgern. Deshalb leben Kohlmeisen gegenwärtig auch auf Friedhöfen mit umfangreichen Gehölzbeständen, in Parks, Feldgehölzen, sowie auf Streuobstwiesen und in Gärten.

Die meisten Kohlmeisen Mitteleuropas bleiben ganzjährig in ihren Brutgebieten. Im Winter vereinigen sie sich manchmal mit anderen Meisenarten zu kleinen Schwärmen, die gemeinsam auf Nahrungssuche herumstreifen.

Aufgrund ihres possierlichen Erscheinungsbildes fällt es schwer, sich vorzustellen, dass Kohlmeisen zuweilen recht dreiste, diebische Eigenschaften zeigen. So passiert es relativ häufig, dass Kohlmeisen Nistmaterial aus den Nestern deutlich größerer Vögel stehlen, um dieses ins eigene Nest einzubauen. Unter den Bestohlenen befinden sich manchmal sogar Krähen, die ebenfalls keine „Kinder von Traurigkeit“ sind. Selbstverständlich würden die Krähen nicht teilnahmslos zuschauen, wenn sie bestohlen werden. Im Gegenteil, eine solche Tollkühnheit könnte die Meisen sogar das Leben kosten. Deshalb warten diese raffinierten kleinen Diebe, bis die Krähen ihr Nest verlassen und schlagen dann zu.

Das Männchen erkennt man an einem breiten schwarzen Band, das von der Kehle bis zum Unterschwanz zieht.

Kohlmeisen sind Höhlenbrüter, die eine monogame Saisonehe führen. Während der Brutzeit duldet ein Kohlmeisenpärchen keine Artgenossen in seinem Revier. Außerdem werden gelegentlich auch andere Singvögel, zum Beispiel Trauerschnäpper (*Ficedula hypoleuca)* von den Kohlmeisen getötet, wenn sie mit ihnen um Nistgelegenheiten konkurrieren. Am liebsten errichten Kohlmeisen ihr Nest in Baumhöhlen (oder Nistkästen), wobei sie Quartiere präferieren, deren Einflugloch 30 – 34 mm Durchmesser aufweist. Den Bau des Nestes sowie das spätere Bebrüten des Geleges führt das Weibchen weitgehend allein durch. Neben pflanzlichem Nistmaterial baut es auch häufig kleine Federn mit in das Nest ein.

Beide Partner beteiligen sich an der Fütterung der Jungen, wobei das Weibchen zumeist deutlich mehr Nahrung heranschleppt als das Männchen. Im Normalfall verbleiben die Jungen 17 – 20 Tage im Nest. Nach dem Ausfliegen werden sie noch durchschnittlich 6 – 10 Tage von den Eltern gefüttert.

Ein Kotballen der Jungen wird aus der Nisthöhle getragen.

Auch diese Baumspalte könnte einen Ruhe- oder Brutplatz abgeben.

Der Kolkrabe transportiert Futter für die Jungvögel im Kropf und im leicht geöffneten Schnabel.

Kolkrabe

Corvus corax

Größe: 63 – 64 cm

Familie: Rabenvögel, Corvidae

Verbreitungsgebiet: Kolkraben sind von Grönland und Europa über die gemäßigten Klimaregionen Asiens und Nordamerikas bis Mittelamerika verbreitet. Außerdem wurde dieser Vogel in Neuseeland eingebürgert. (In Europa und den USA fehlt der Kolkrabe gebietsweise, was auf Vertreibungen durch den Menschen zurückzuführen ist. Allerdings konnte der Kolkrabe in den letzten Jahrzehnten einige seiner ursprünglichen Verbreitungsgebiete zurückerobern.)

Hauptnahrung: Bevorzugt werden Tierkadaver vertilgt. Sind solche nicht in ausreichenden Mengen vorhanden, erbeuten die Kolkraben auch Wirbeltiere bis Hasengröße, Eier, Jungvögel, Insekten und Würmer. Außerdem fressen sie Früchte und größere Körner (beispielsweise vom Mais).

Brutzeit: Ende Februar – April

Brutdauer in Tagen: 20

Eier pro Gelege: 4 – 7

Bruten pro Jahr: 1

Rufe

Wie die meisten Rabenvögel zeichnen sich auch die Kolkraben durch eine beachtliche Intelligenz aus. Diese Tatsache fiel vermutlich schon den alten Germanen auf, denn in ihrer Mythologie wurden zwei Kolkraben namens Hugin und Munin die Lieblingsvögel des Göttervaters Wotan. Diese saßen entweder auf seinen Schultern oder begleiteten ihn fliegend.

Der Populärname des Kolkraben ist sehr wahrscheinlich eine Abwandlung von einem seiner Rufe, der wie „korrk" klingt. Im Unterschied zum Kolkraben erreicht die sehr ähnlich aussehende Rabenkrähe (*Corvus corone*) nur eine Länge von knapp 50 cm. Des Weiteren besitzt sie einen schwächer ausgebildeten Schnabel. Außerdem klingen die Rufe dieser Krähe wie „kraaah, kraaah" und nicht wie das „korrk" oder „klong" des Kolkraben.

Ursprünglich repräsentierten Wälder und halboffene Landschaften die typischen Lebensräume des Kolkraben. Im Laufe der Zeit erwiesen sich aber auch diese Vögel als recht anpassungsfähig und sind heute ebenfalls in Kulturlandschaften, wie in Parks und von Gehölzinseln durchsetzten landwirtschaftlichen Flächen, zu Hause. Allerdings sollte man den Kolkraben nicht als einen totalen Kulturfolger ansehen, denn diese Vögel verhalten sich gegenüber dem Menschen immer noch sehr misstrauisch.

Kolkraben führen eine monogame Dauerehe und bleiben ganzjährig in ihrem Brutrevier, in dem jedoch nur in der unmittelbaren Umgebung des Nestes keine Artgenossen geduldet werden. Ansonsten fühlen sich Kolkraben unter Artgenossen ausgesprochen wohl und akzeptieren diese auch beim gemeinsamen Fressen an Kadavern.

Der Kolkrabe zeichnet sich nicht nur durch seine Größe, sondern auch durch den klobigen Schnabel aus.

Das Nest, an dessen Bau sich beide Partner beteiligen, wird auf einem Baum oder in einer Felsnische errichtet und manchmal über mehrere Jahre hinweg genutzt, wobei dann Ausbesserungs- und Erweiterungsarbeiten erfolgen. Viele Paare besitzen außerdem ein oder mehrere Wechselnester.

Die Nester bestehen vorwiegend aus Ästen, Erdreich, Fellfetzen und Tierhaaren. Das Bebrüten des Geleges erfolgt vorwiegend vom Weibchen. Nach 19–21 Tagen schlüpfen die Nestlinge, die bis zum Flüggewerden weitere 40–42 Tage benötigen. Sie werden von beiden Eltern mit Futter versorgt. Nach dem Flüggewerden der Jungen erlischt die elterliche Fürsorge nicht abrupt. Stattdessen versorgen sie ihren Nachwuchs, wenn auch mit allmählich nachlassender Intensität, noch bis zu weiteren 50 Tagen.

Den Kuckuck, hier ein Männchen, sieht man selten, sein Gesang ist aber wohlbekannt.

Kuckuck

Cuculus canorus

Größe: 33 – 34 cm

Familie: Kuckucke, Cuculidae

Verbreitungsgebiet: Außer Island besiedelt der Kuckuck als Sommergast ganz Europa, die gemäßigten Klimazonen Asiens sowie die wärmeren Regionen Chinas.

Hauptnahrung: Es werden vor allem Schmetterlingsraupen, darunter auch behaarte und Warnfarben tragende, erbeutet. Gelegentlich frisst der Kuckuck auch Käfer, Libellen, Heuschrecken und Fliegen.

Brutzeit: (seiner Wirtsvögel) Mai – Juni

Brutdauer in Tagen: 12, die Bebrütung des Kuckuckseis beginnt aufgrund der hohen Körpertemperatur (rund 400 C) des Kuckucksweibchens bereits im Mutterleib. Dadurch erhalten die Kuckucksküken einen Entwicklungsvorsprung und schlüpfen normalerweise bis zu 30 Stunden früher als die Küken der Wirtsvögel.

Eier pro Gelege: 1, in extrem seltenen Fällen auch 2

Bruten pro Jahr: selbst keine

Gesang

Der Populärname des Kuckucks, der in seiner Färbung ein wenig an einen Sperber erinnert, leitet sich von den unverwechselbaren Rufen der männlichen Exemplare ab. Neben lichten Laub- sowie Nadel- und Auenwäldern besiedelt diese Art auch Moore, Gebrige und Steppengebiete. Im Spätsommer verlassen die Kuckucke ihre Sommerquartiere, um im südlichen Afrika sowie in Südostasien zu überwintern.

Der Kuckuck, der gelegentlich auch als Gauch bezeichnet wird, ist ein Brutparasit. Die Weibchen legen ihre Eier innerhalb kürzester Zeit in die Nester anderer Vögel. Fälschlicherweise gehen viele Menschen davon aus, dass der Kuckuck sein Ei nur im Nest des Teichrohrsängers (*Acrocephalus scirpaceus*) platziert. Doch tatsächlich gibt es in Mitteleuropa mehr als 100 Arten, die Wirtsvögel des Kuckucks sind: Stellvertretend seien nur das Rotkehlchen (*Erithacus rubecula*) und die Mönchsgrasmücke (*Sylvia atricapilla*) genannt. Falls eine Direktplatzierung aufgrund der Nestkonstruktion, wie etwa beim Kugelnest des Zaunkönigs (*Troglodytes troglodytes*) nicht möglich ist, erfolgt die Eiablage auf dem Boden. Anschließend schiebt der Kuckuck das Ei mit seinem Schnabel in das Nest.

Ein Teil der weiblichen Kuckucke trägt ein braunes Kleid.

Um den Wirtsvögeln zunächst vorzugaukeln, dass es sich um deren Ei handelt, hat die Natur die Kuckucksweibchen mit einem beachtlichen Trick ausgestattet. Ihr abgelegtes Ei gleicht in Färbung und Musterung häufig denen der Wirtsvögel. Diese Anpassung beruht darauf, dass die einzelnen Kuckucksweibchen bestimmte Wirtsvögel bevorzugen und deren Eierschalenfärbung täuschend echt replizieren können.

Auch das Rotkehlchen gehört zu den Kuckuckswirten.

Bemerkenswerterweise empfinden es viele „Pflegeeltern“ nicht als störend, dass sowohl das Kuckucksei als auch das daraus schlüpfende Küken deutlich größer und massiger ist als die eigenen Eier und Nestlinge. Im Gegenteil, diese überdurchschnittliche Größe löst bei den Wirtsvögeln ein besonders intensives Pflegeverhalten aus. Letztere kümmern sich dann überdurchschnittlich intensiv um den jungen Kuckuck und vernachlässigen dabei ihre eigene Brut. Doch damit nicht genug: Nach dem Schlupf wirft der junge Kuckuck seine Stiefgeschwister oder die Eier aus dem Nest, weil er schneller wächst als diese und der vorhandene Platz nicht mehr für alle reicht.

Klimawandel bewirkt Kuckucksrückgang

In den letzten Jahrzehnten verringerten sich die Kuckucksbestände in Mitteleuropa deutlich, was zu einem Großteil auf den Klimawandel zurückzuführen ist. Die milden Winter bewirkten, dass bei immer mehr potenziellen Wirtsvögeln das Brutgeschehen schon eingesetzt hat, bevor die Kuckucke aus ihren Winterquartieren zurückkehren. Sobald sich aber in den Nestern der Wirtsvögel schon die geschlüpften Nestlinge tummeln, schiebt das Kuckucksweibchen kein Ei mehr unter.

Der junge Kuckuck ist alleine im Nest der Grauschnäpper aufgewachsen und wird von den Stiefeltern intensiv gefüttert.

Im Winter treffen Mäusebussarde an Stellen zusammen, an denen es genug Futter gibt.

Mäusebussard

Buteo buteo

Größe: 51 – 57 cm

Familie: Habichtartige, Accipitridae

Verbreitungsgebiet: Mit Ausnahme von Nordskandinavien erstreckt sich das Verbreitungsgebiet von Europa bis Zentralasien.

Hauptnahrung: Feldmäuse, Kriechtiere, Lurche, Insekten, Regenwürmer und Aas

Brutzeit: März – April

Brutdauer in Tagen: 33 – 35

Eier pro Gelege: 2 – 4

Bruten pro Jahr: 1

Balzflugrufe

Der Mäusebussard gehört zu den häufigsten Greifvogelarten Mitteleuropas. Trotz der Tatsache, dass die Weibchen durchschnittlich 200 g mehr wiegen als die etwa 800–900 g schweren Männchen, sind die Geschlechter etwa gleichgroß. Beim Flug in luftiger Höhe stoßen die erwachsenen Bussarde häufig langgezogene „Wijääh“ - Schreie aus, welche an Jammerlaute von Katzen erinnern. Diese Schreie sowie Mäuse, die als wichtigste Beutetiere fungierten, hatten großen Einfluss, als diese Greifvögel vor mehreren hundert Jahren ihren Populärnamen erhielten. Damals bezeichnet man die Hauskatze als Busse und den Adler als Aar. Durch das Zusammenfügen von „Mäuse“, „Busse“ und „Aar“ entstand der „Mäusebussard“, was also so viel wie Mäusekatzenadler bedeutet. Im Gegensatz zu den Altvögeln stoßen die Jungvögel noch keine langgezogenen „Wijääh-Laute“ aus. Stattdessen geben sie nur ein kurzes „Wi e, Wi e“ von sich.

In ihrer Gefiederfärbung zeigen weltweit nur wenige Greifvögel eine derartig starke Variabilität wie der Mäusebussard. Diese erstreckt sich von weißlich-grau über rostrot bis schokoladenbraun. Dabei ist das Gefieder am Bauch immer ein wenig heller als auf dem Rücken und an den Flügeln.

Im Alter von zwei bis drei Jahren werden die Mäusebussarde geschlechtsreif. Sie suchen sich dann einen Partner, mit dem sie häufig bis zum Lebensende zusammenbleiben. Vor Beginn der Brutzeit besetzen die Bussarde ein Revier, in dem kein Artgenosse geduldet wird. Dringt doch ein solcher ins Revier ein, wird er angegriffen und verjagt. Falls der Eindringling nicht bereit ist, das Revier zu verlassen, kommt es zu einem heftigen Kampf mit Schnabelhieben und Flügelschlägen. Wenn die Kontrahenten etwa gleichstark sind und keiner Bereitschaft zur Räumung des Reviers zeigt, enden solche Kämpfe mitunter tödlich.

Mäusebussarde sind keine besonders schnellen Flieger, weshalb kleinere Vögel nur selten zu ihren Beutetieren gehören. Zumeist entkommen diese durch geschmeidige Flugmanöver. Lediglich bei der Jagd auf flügge Jungvögel haben die Bussarde des Öfteren mehr Jagdglück. Offenbar ist es aber den Bussarden bewusst, dass sie nicht zu den „Sprintern der Lüfte“ gehören. Deshalb konzentrieren sie sich auf andere Beute und praktizieren dabei gern die Ansitzjagd. Hierzu lassen sie sich auf einer erhöhten Stelle nieder und beobachten die unmittelbare Umgebung sehr genau. Erscheint eine Maus oder ein anderes potenzielles kleines Beutetier, sind die Bussarde bestrebt, das Überraschungsmoment zu nutzen. Im Gleitflug steuern sie auf die Beute zu, um diese im nächsten Augenblick mit ihren Krallen zu ergreifen.

In den letzten 40–50 Jahren haben Mäusebussarde noch eine weitere Möglichkeit der Nahrungsbeschaffung entdeckt. Durch den während dieser Zeit immer stärker gewordenen Verkehr stieg auch die Anzahl an kleinen Tieren, die angefahren beziehungsweise überfahren werden. Diese Verkehrsopfer „beseitigen“ die Bussarde oft von den Straßen. Allerdings gehen die Greifvögel bei dieser Aasbeseitigung unbewusst auch das Risiko ein, selbst zu einem Verkehrsopfer zu werden, wenn beispielsweise die überfahrenen Tiere in einem Kurvenbereich liegen.

Manche Mäusebussarde sind unterseits ganz weiß.

Misteldrosseln beginnen schon im frühesten Frühjahr, ihre klangvollen Gesangsstrophen vorzutragen.

Misteldrossel

Turdus viscivorus

Größe: 28 cm

Familie: Drosseln, Turdidae

Verbreitungsgebiet: Außer Nordskandinavien besiedelt die Misteldrossel ganz Europa, von wo aus sich das Verbreitungsgebiet bis Nordafrika, zu den Hochgebirgen Vorderasiens sowie zum Baikalsee erstreckt.

Hauptnahrung: Regenwürmer, Beeren, Obst, Insekten und deren Larven

Brutzeit: März – Juni

Brutdauer in Tagen: 14

Eier pro Gelege: 4 – 5

Bruten pro Jahr: 2

Gesang

Sie ist in Mitteleuropa die größte heimische Drosselart. Ihre Populärbezeichnung rührt daher, dass sie gern die Beeren der Weißbeerigen Mistel (*Viscum album*) frisst. Indem sie anschließend die in den Beeren vorhandenen Samen unverdaut ausscheidet, trägt die Misteldrossel zur Verbreitung dieses halbschmarotzenden Strauches bei.

Von der sehr ähnlich aussehenden, allerdings deutlich kleineren Singdrossel (*Turdus philomelos*), lässt sich die Misteldrossel am besten anhand ihres Achsel- und Unterflügelgefieders unterscheiden. Dieses ist bei der Misteldrossel weiß, während es bei der Singdrossel eine rahmgelbe Färbung zeigt. Des Weiteren haben die Flecken auf dem Brust- und Bauchgefieder der Misteldrossel ein rundliches Aussehen, während sie bei der Singdrossel eher an Fischschuppen erinnern.

In Mitteleuropa bevorzugt die scheue Misteldrossel Nadel- und Mischwälder als Lebensräume. Des Weiteren werden gelegentlich alte Friedhöfe, Alleen, Hecken und Flussauen besiedelt. Außerdem zeigen vor allem die Individuen der westeuropäischen Populationen eine starke Neigung zur Besiedlung von parkartigem Gelände.

Während manche Misteldrosseln Standvögel sind, die ganzjährig in ihren Revieren bleiben, verbringen andere die Wintermonate in Südwesteuropa oder Nordafrika. Diese Teilzieher kehren im Februar in ihre Brutgebiete zurück und suchen sich ein Revier, das noch nicht von einem Standvogel-Artgenossen besetzt ist. Innerhalb der Brutzeit verteidigen Misteldrosseln ihr Revier sowohl gegen Artgenossen als auch potenzielle Nesträuber sehr vehement. Außerhalb der Brutzeit sind sie deutlich geselliger und vereinen sich nicht selten mit Artgenossen zu kleinen Trupps.

Misteldrosseln führen eine monogame Saisonehe, wobei das Weibchen stets den Nistplatz auswählt und die Bauarbeiten am Nest erledigt. Letzteres wird in hohen Bäumen errichtet und besteht vorwiegend aus Reisig, Moosen und dürren Halmen. Zum Schluss verstärken diese Drosseln die Nestwände mit feuchter Erde. Das Bebrüten des Geleges erfolgt nur durch das Weibchen, wobei es vom Männchen mit Nahrung versorgt wird. Die Nestlinge werden aber von beiden Eltern gefüttert. Bis diese das Nest verlassen, vergehen etwa 14 Tage. Dann haben die Jungen allerdings noch nicht ihre volle Selbstständigkeit erreicht und werden deshalb weitere 7 – 12 Tage von den Altvögeln mit Nahrung versorgt.

Wie andere Drosseln findet auch die Misteldrossel die meiste Nahrung am Boden.

Mittelspecht

Leiopicus medius

Größe: 20 – 22 cm

Familie: Spechte, Picidae

Verbreitungsgebiet: Neben punktuellen Vorkommen in Spanien erstreckt sich das Verbreitungsgebiet des Mittelspechts von Frankreich bis zum Ural und zum Westiran. In Skandinavien, auf den Britischen Inseln, in einigen Bereichen der Nordseeküste, in Italien und den Alpen fehlt dieser Vogel.

Hauptnahrung: Insekten und deren Larven sowie Spinnen. Mit besonderer Vorliebe werden Ameisen und Blattläuse gefressen.

Brutzeit: April – Mai

Brutdauer in Tagen: 12 – 13

Eier pro Gelege: 5 – 6

Gesang

Im Vergleich zum Buntspecht (*Dendrocopos major*) ist der Mittelspecht nicht nur kleiner, sondern beide Geschlechter des Mittelspechts besitzen ein leuchtend rotes Scheitelgefieder. Dafür fehlt dieser Art jedoch das rote Nackenfeld, welches beim männlichen Buntspecht vorhanden ist.

An seinen Lebensraum stellt der Mittelspecht relativ hohe Ansprüche. Er benötigt Laub- und Auenwälder, die einen hohen Anteil an Eichen aufweisen. Gelegentlich suchen Mittelspechte auch waldnahe Streuobstwiesen auf, wobei sie eine besondere Vorliebe für Birnenbäume zeigen, die intensiv nach Nahrung abgesucht werden.

Die sehr beweglichen Mittelspechte halten sich gern in Baumkronen auf und besetzen ganzjährig Reviere. Diese werden zumeist sehr energisch gegen Artgenossen verteidigt. Lediglich im Winter dulden die Männchen auch die Weibchen in ihren Revieren, vertreiben diese jedoch von ergiebigen Nahrungsquellen. Möglicherweise soll durch diese Duldung ein allmähliches Aneinander-Gewöhnen stattfinden, damit bei der Balz kaum noch Aggressionspotenzial gegenüber dem Partner vorhanden ist. Ab Februar streifen die Männchen mit quäkendem Gesang durch ihr Revier und versuchen, auf diese Weise ein Weibchen anzulocken, mit dem sie eine monogame Saisonehe führen. Anders als Buntspechte produzieren Mittelspechte kaum trommelnde Geräusche (indem sie gegen einen Baum klopfen).

Die zukünftige Kinderstube wird entweder in Weichhölzern, wie Weiden und Pappeln, oder in sonstige Bäume gemeißelt, die unter Pilzbefall leiden. An diesem Höhlenbau beteiligen sich beide Partner. Hierbei übernimmt das Männchen den größeren Teil der Arbeit. Ebenso bebrüten beide Partner das Gelege, wobei das Männchen – ganz nach Spechtmanier – nachts auf den Eiern sitzt. Nach dem Schlupf bleiben die Jungen etwa 24 Tage in der Bruthöhle. Beide Eltern schaffen während dieser Zeit etwa im gleichen Umfang Nahrung für ihren Nachwuchs heran.

Sobald die flügge gewordenen Jungen die Höhle verlassen haben, werden sie von dieser durch die Eltern weggelockt und in zwei Gruppen aufgeteilt. Jeder Altvogel übernimmt eine Gruppe und betreut diese noch etwa 14 Tage lang. Danach sind die Jungen auf sich alleingestellt und verlassen das Brutrevier.

Ein Mittelspecht auf der Nahrungssuche an einer abgestorbenen Fichte.

Außerhalb der Brutzeit fressen Mönchsgrasmücken, hier ein Männchen, Beeren und andere Früchte.

Mönchsgrasmücke

Sylvia atricapilla

Größe: 14 cm

Familie: Grasmückenartige, Sylviidae

Verbreitungsgebiet: Mit Ausnahme Nord- und Mittelskandinaviens umfasst Brutgebiet der Mönchsgrasmücke ganz Europa sowie Nordwestafrika und erstreckt sich im Osten bis nach Westsibirien und zum Kaspischen Meer.

Hauptnahrung: Insekten und deren Larven, Spinnen, Würmer, Nektar, gelegentlich Beerenfrüchte

Brutzeit: Mai – Juli

Brutdauer in Tagen: 11 – 13

Eier pro Gelege: 3 – 6 (zumeist 5)

Bruten pro Jahr: 2

Gesang

Die Geschlechter sind bei den erwachsenen Mönchsgrasmücken leicht erkennbar. Während die Weibchen ein rotbraunes Kopfgefieder besitzen, ist dieses bei den Männchen schwarz. Aufgrund dieses schwarzen Gefieders, das in seiner Form an die Tonsur von Mönchen erinnert, erhielten diese Vögel ihren Populärnamen. Dagegen nimmt die lateinische Gattungsbezeichnung „Sylvia" (Silva = Wald) Bezug auf den wichtigsten Lebensraum dieses Vogels. Der Artname „atricapilla" hat ebenfalls lateinische Wurzeln und bedeutet „Schwarzköpfchen".

Im Vergleich zu allen anderen heimischen Grasmückenarten ist die Mönchsgrasmücke am anpassungsfähigsten. Diese etwas höhere Anpassungsfähigkeit war auch die Basis dafür, dass die Mönchsgrasmücke die häufigste Grasmückenart in Mitteleuropa repräsentiert, was jedoch nicht bedeutet, dass man sie häufig zu Gesicht bekommt. Im Gegenteil, sie führt eine eher zurückgezogene Lebensweise. Als Biotope bevorzugt sie lichte Misch-, Laub- und Auenwälder (reine Nadelwälder sind deutlich weniger beliebt), die viel Unterholz aufweisen und dadurch gute Deckungs- und Versteckmöglichkeiten bieten. Eine ganz besondere Affinität ist vorhanden, wenn in diesen Biotopen zusätzlich großflächige Efeuteppiche an Bäumen wachsen. Außer in Wälder siedeln sich Mönchsgrasmücken des Öfteren in Parks, größeren Flurgehölzen, alten Friedhöfen und strauchreichen Gärten an.

Noch bis vor ein paar Jahrzehnten galt die Mönchsgrasmücke als ein Zugvogel, der im Frühherbst Mitteleuropa verließ, um den Winter in der Mittelmeerregion oder in Nord- beziehungsweise Westafrika zu verbringen. Inzwischen hat sich diese Situation verändert. In den letzten Jahren liegen immer häufiger Beobachtungen vor, dass die Mönchsgrasmücken ihre Zugaktivitäten einstellen und während der kalten Jahreszeit in Mitteleuropa bleiben.

Mönchsgrasmücken führen normalerweise eine monogame Saisonehe. Aufgrund ihrer ausgeprägten Reviertreue passiert es in den Folgejahren häufig, dass sich die gleichen Partner erneut verpaaren.

Im Frühjahr besetzen die Männchen ein Revier und beginnen, in diesem mehrere Nester zu bauen, von denen eins vom Weibchen fertiggestellt wird. Das muldenförmige Nest besteht aus Grashalmen, Pflanzenhaaren, Wurzeln sowie Spinnweben und Tierhaaren. Zumeist befindet sich das Nest 0,8 – 1,5 m über dem Erdboden und wird oft in Brombeersträuchern oder anderen von Brennnesseln umgebenen Gehölzen platziert. Dadurch ist besserer Schutz vor Nesträubern vorhanden.

Beide Partner bebrüten das Gelege, wobei das Weibchen öfter auf den Eiern sitzt. Nach dem Schlupf werden die Nestlinge von beiden Eltern umsorgt. Im Alter von 2 Wochen verlassen sie das Nest. Allerdings kümmern sich die Eltern noch weitere 2 – 3 Wochen um sie.

Das Weibchen hat eine braune Kappe anstelle einer schwarzen.

Braun und große Augen: Nur an wenigen Merkmalen erkennt man die Nachtigall.

Nachtigall

Luscinia megarhynchos

Größe: 16,5 cm

Familie: Fliegenschnäpper, Muscicapidae

Verbreitungsgebiet: Von Südengland und der Iberischen Halbinsel über West-, Mittel- und Südeuropa bis Vorderasien, Westsibirien und Nordafrika.

Hauptnahrung: Insekten und deren Larven, Spinnen, Regenwürmer, Schnecken Beeren und saftiges Obst

Brutzeit: Mai – Juni

Brutdauer in Tagen: 14

Eier pro Gelege: 4 – 6

Bruten pro Jahr: 1

Gesang

Bei der Nachtigall handelt es sich um einen sehr bodenorientierten Vogel, der als Lebensräume Auen- und feuchte Laubwälder, Parkanlagen, alte Friedhöfe sowie große Gärten mit Heckenlandschaften bewohnt. Dabei ist es wichtig, dass der jeweilige Biotop viel Unterholz, Falllaub und/oder eine dichte Krautschicht aufweist. Eine ganz besondere Vorliebe haben Nachtigallen für Biotope mit ausgedehnten Efeuteppichen. Da die Nachtigall eine sehr versteckte Lebensweise führt, ist es oft schwer, sie zu Gesicht zu bekommen. Häufig hört man nur ihren Gesang. Weil dieser bereits in der Nacht und den Morgenstunden erklingt, wenn es noch dämmerig ist, stand er bei der Entstehung des Populärnamens Pate. Das bedeutet jedoch keinesfalls, dass Nachtigallen nicht auch häufig während der hellen Tagstunden ihren Gesang zelebrieren. So beherrscht die Mehrzahl der Nachtigallen 120–260 unterschiedliche Strophentypen, von denen die meisten allerdings nur eine Länge von zwei bis vier Sekunden haben.

Mit dem Sprosser (*Luscinia luscinia*) besitzt die Nachtigall einen „Doppelgänger". Beide Singvogelarten ähneln sich nicht nur in ihrer Gefiederfärbung sehr stark, sondern auch in ihrem Gesang. Am sichersten lassen sich die erwachsenen Exemplare beider Arten anhand ihres Brustgefieders unterscheiden. Während das der Nachtigall einfarbig ist, weist es beim Sprosser ein diffuses Fleckenmuster auf. Allerdings zeigt auch das Jugendgefieder der Nachtigall ein Fleckenmuster an Brust- und Schultern auf, welches sich aber mit dem Eintritt ins Erwachsenenalter verliert.

Nur selten bekommt man die singende Nachtigall zu Gesicht.

Der Jungvogel trägt noch ein fleckiges Kleid.

Nachtigallen gehören zu den Langstreckenziehern, die den Winter im tropischen Afrika verbringen. Zuerst treffen Ende April/Anfang Mai die Männchen in den Brutgebieten ein, wo sie sofort Reviere besetzen und zu singen beginnen. Mit diesem Gesang wollen sie die nachts ziehenden Weibchen anlocken, die ein paar Tage später in den Brutgebieten erscheinen. Nach der Kopulation baut das Weibchen an einer halbschattigen, gut im Unterholz versteckten Stelle ein napfförmiges Nest. Dieses befindet sich entweder direkt am Boden oder unmittelbar darüber. Als Nistmaterialien dienen hauptsächlich Falllaub, Stängel von Gräsern und Kräutern, winzige Wurzeln und feine Zweige. Das Auspolstern der Nestmulde erfolgt mit Moos, Tierhaaren und kleinen Federn.

Das Weibchen brütet allein und wird vom Männchen während dieser Zeit mit Futter versorgt. An der Fütterung der Nestlinge beteiligt sich aber auch der Vater. Am 12. Lebenstag verlassen die noch nicht total flugfähigen Küken das Nest. Falls es anschließend relativ kühl und regnerisch wird, treten unter den Jungen oft hohe Verluste auf.

Nach dem Verlassen des Nestes werden sie noch weitere 14 Tage von den Altvögeln betreut und gefüttert.

Das Männchen beteiligt sich am Füttern der Nestlinge.

Pirol

Oriolus oriolus

Größe: 24 cm

Familie: Pirole, Oriolidae

Verbreitungsgebiet: Vom südlichsten Skandinavien über Europa (außer den Britischen Inseln) bis zur Mongolei und nach Nordafrika.

Hauptnahrung: Insekten (mit Vorliebe Schmetterlinge) und deren Larven sowie weiche süße Früchte, wie etwa Kirschen, und Beeren

Brutzeit: Mai – Juni

Brutdauer in Tagen: 13 – 18

Eier pro Gelege: 3 – 5

Bruten pro Jahr: 1

Gesang

Die unscheinbaren Jungvögel halten nach dem Ausfliegen zusammen.

Obwohl der schlank wirkende Pirol nicht näher mit der Amsel *(Turdus merula)* und damit mit der Familie der Drosseln (*Turdidae*) verwandt ist, lautet eine seiner Populärnamen „Goldamsel". Seltener wird er auch als Pfingst- sowie Bülow-Vogel bezeichnet. Bülow-Vogel deshalb, weil das Adelsgeschlecht derer von Bülow diesen Vogel im Wappen führt, und Pfingstvogel, weil der Pirol erst im Mai (also zur Pfingstzeit) aus seinen Winterquartieren zurückkehrt, welche sich jenseits der Sahara befinden.

Die erwachsenen männlichen Pirole besitzen eine sonnengelbe Grundfärbung. Ihre Flügel sind, mit Ausnahme der gelben Handschwingen, lackschwarz. Ebenso ist das schwarze Schwanzgefieder am Rand gelb markiert. Markant ist weiterhin der schwarze Augenstrich, welcher dem Weibchen fehlt. In dessen Oberseite dominieren gelbgrüne und gelbgraue Farbtöne, während die weißgraue bis gelbliche Unterseite von zarten dunklen Längsstreifen überzogen wird.

Pirole bevorzugen als Lebensräume lichte Auen- und Bruchwälder. Des Weiteren siedeln sie sich gelegentlich in feuchten Feldgehölzen, Laub-, Misch-, und Nadelwäldern, Parks, Gärten, Friedhöfen, auf Streuobstwiesen, in Weinbergen sowie Alleen an.

Während der Paarungs- und Brutzeit besetzen die Pirole Reviere, die ausgesprochen aggressiv gegen Artgenossen verteidigt werden. Ebenso werden größere Vögel, die potenzielle Nesträuber darstellen, wie etwa Elstern oder Eichelhäher, sehr energisch von den Pirolen angegriffen und zumeist auch erfolgreich in die Flucht geschlagen. Für die Reproduktion ist es wichtig, dass in dem betreffenden Revier zahlreiche hohe Bäume vorhanden sind, denn Pirole halten sich gern in luftigen Höhen auf, wo auch das napfförmige Nest gebaut wird. Es handelt sich bei dem Nest um ein sehr kunstvolles und zugleich stabiles Gebilde, dessen Boden frei hängt.

Als Nestbaumaterialien werden neben Grashalmen, Bastfasern, Schafwolle, dürrem Laub, Birkenrinde und Spinnweben auch häufig Schurstücke und Stofffetzen verwendet. Zum Auspolstern des Innenbereichs kommen vor allem Moos und Federn zum Einsatz. Das Nest befindet sich immer unter einer Blätterüberdachung, die gleichermaßen als Wetterschutz und Tarnung dient.

Am Bebrüten beteiligen sich beide Partner. Allerdings löst das Männchen das Weibchen nur kurzzeitig ab, damit sich dieses auf Nahrungssuche begeben kann. Nach dem Schlüpfen der Nestlinge beteiligen sich beide Eltern an der Fütterung, wobei das Gros der Nahrung aber vom Weibchen herangetragen wird. Die Nestlinge verlassen zwischen ihrem 14. und 20. Lebenstag erstmalig das Nest.

Oftmals sind sie aber zu diesem Zeitpunkt noch nicht voll flugfähig und werden noch weiter von den Eltern mit Nahrung versorgt. Manchmal erhöhen Pirole ihre Aufzuchterfolge dadurch, dass sich die Geschwister aus der vorjährigen Brut mit um die Nestlinge kümmern und für diese ebenfalls Nahrung herantragen.

Vorjährige Jungvögel - Männchen wie Weibchen - sind an der Unterseite fein gestrichelt.

Raufußkauz

Aegolius funereus

Größe: Männchen 24 – 25 cm
Weibchen 25 – 26 cm

Familie: Eigentliche Eulen, Strigidae

Verbreitungsgebiet: Mit Ausnahme einiger Reliktvorkommen in Südosteuropa erstreckt sich das Verbreitungsgebiet von Mitteleuropa und Teilen Skandinaviens über die gemäßigten Breiten Asiens bis Nordamerika.

Hauptnahrung: Wühl-, Spitz- und Echte Mäuse, außerdem Vögel bis Amselgröße

Brutzeit: März – April

Brutdauer in Tagen: 30 – 34

Eier pro Gelege: 3 – 6, im Extremfall bis 10

Bruten pro Jahr: 1 (in Ausnahmefällen auch 2)

Gesang

Ähnlich wie bei den Raufußhühnern kann auch die Populärbezeichnung dieses Kauzes zu Irritationen führen, denn seine Füße sind ebenfalls nicht rau (siehe Artbeschreibung: Auerhuhn). Vielmehr reicht das Federkleid dieses Vogels bis zu den Krallen seiner Füße. Ein weiteres, sehr arttypisches Merkmal ist der Kopf, der selbst für einen Kauz überdimensioniert erscheint.

Raufußkäuze sind Höhlenbrüter, die bevorzugt verlassene Schwarzspechthöhlen als „zukünftige Kinderstuben" beziehen. Sind derartige Höhlen nicht in ausreichendem Umfang vorhanden, nehmen die Raufußkäuze auch sehr bereitwillig einen kleinen Eulen-Nistkasten als Brutstätte an.

Im Normalfall wird jährlich nur eine Brut durchgeführt. Falls jedoch ein Verlust des Geleges eintritt oder in Jahren mit einem besonders üppigen Nahrungsangebot entschließen sich die Raufußkäuze manchmal zu einer Zweitbrut, die auch verschachtelt sein kann. Das bedeutet, dass das Weibchen die Jungen verlässt, sobald diese nicht mehr gehudert werden müssen, um sich erneut (mit einem anderen Männchen) zu verpaaren. Die weitere Betreuung und Fütterung der Jungen erfolgt dann nur noch durch den Vater. Diese Form des „Ehelebens" wird auch als Polyandrie bezeichnet. Das Gegenteil davon ist die Polygynie, welche zuweilen von den männlichen Raufußkäuzen praktiziert wird. In derartigen Fällen paart sich das Männchen mit zumeist zwei, ganz selten auch mit drei Weibchen. Die „Vielweiberei" ist allerdings mit einer baldigen Schwerstarbeit für das Männchen verbunden, denn in den ersten drei Wochen nach dem Schlüpfen der Jungen werden diese vom Weibchen rund um die Uhr betreut. Dem Männchen obliegt es dann, seine gesamten Familien mit ausreichend Nahrung zu versorgen. Ein solcher kleiner „Casanova" kann sich unter derartigen Bedingungen kaum noch ausgiebige Ruhephasen in einem Unterstand leisten. Aber unabhängig davon, ob ein Männchen ein oder mehrere Weibchen begattet hat, kommt er seinen späteren Nahrungsbeschaffungspflichten zwar nach – aber damit hat es sich dann schon erledigt. „Kuscheleinheiten", wie sie bei manchen anderen Kauzarten zu beobachten sind, erhalten die weiblichen Raufußkäuze nicht. Im Gegenteil, nachdem das Männchen seine „Nahrungs-

Das dunkle Federkleid kennzeichnet den flüggen Jungvogel.

heranschlepp-Pflichten" erledigt hat, platziert es sich auf einem Ruheplatz, der mitunter sogar recht weit von der Bruthöhle entfernt ist.

Bei einem reichlichen Nahrungsangebot an Kleinsäugern neigen männliche Raufußkauze dazu, zumindest zeitweilig Reviere zu besetzen, während die Weibchen außerhalb der Brutzeit stärker zu einem großräumigen Herumstreifen tendieren. Im Unterschied zu den meisten anderen Eulen ist aber die Aggressionsbereitschaft der Revierbesitzer gegenüber Artgenossen eher gering. So werden innerartliche Auseinandersetzungen zwischen zwei männlichen Raufußkäuzen oftmals nur in Form von Drohrufen und Scheinattacken ausgetragen.

Zu den natürlichen Feinden des Raufußkauzes gehört neben dem Uhu und dem Waldkauz auch der Baummarder *(Martes martes)* der gern das Nest plündert. Wird während der Brutzeit das Klettergeräusch eines Marders an der Rinde des Baums imitiert, in dem sich die Nisthöhle befindet, äugt das Weibchen gewöhnlich sofort besorgt heraus. Wenn es sich dabei tatsächlich um einen Marder handelt, geht das Weibchen ohne zu zögern in den Verteidigungsmodus über.

Das fleckige Gefieder hat ihm den Namen „pärlugla" verschafft.

Der Raufußkauz bevorzugt für die Brut alte Höhlen des Schwarzspechts, die häufig in starken Buchen angelegt sind.

Im Schauflug kann die Ringeltaube unter dem Körper mit den Flügeln klatschende Laute erzeugen.

Ringeltaube

Columba palumbus

Größe: 40 – 41 cm

Familie: Tauben, Columbidae

Verbreitungsgebiet: Mit Ausnahme Nordskandinaviens erstreckt sich das Verbreitungsgebiet der Ringeltauben von Europa bis Westsibirien, Nordafrika, Kleinasien und zur Himalaya-Region.

Hauptnahrung: Getreide, Mais, Hülsenfrüchte, Bucheckern, Obst und junge Laubblätter. Dagegen werden Würmer und Insekten nur sehr selten gefressen.

Brutzeit: April – September (bei wärmerem Wetter sogar bis Oktober)

Brutdauer in Tagen: 15 – 16

Eier pro Gelege: stets 2

Bruten pro Jahr: 2 – 3

Gesang

Das charakteristische Erkennungsmerkmal der Ringeltaube sind ihre seitlich am Hals befindlichen weißen Flecken. Dadurch ist sie leicht von anderen, farblich ähnlich aussehenden Tauben, wie etwa der Hohltaube (*Columba oenas*) zu unterscheiden. Des Weiteren besitzt die Ringeltaube, im Vergleich zu anderen Tauben, einen relativ langen Schwanz.

Als Lebensräume bevorzugten die Ringeltauben ursprünglich Wälder aller Art. Des Weiteren siedelten sie sich gelegentlich in Parks und Feldgehölzen an. Eine besondere Erwähnung verdient jedoch die Tatsache, dass sich die Ringeltauben in den letzten Jahrzehnten zu häufigen Kulturfolgern entwickelten, welche sich nicht nur dauerhaft in größeren Gärten und Friedhöfen etablierten, sondern auch in Dörfern und (Groß-)Städten Einzug hielten.

Die meisten mitteleuropäischen Ringeltauben sind Kurzstreckenzieher, die den Winter in West- und Südwesteuropa verbringen. Von dort kehren sie im März zurück und finden sich zu einer saisonalen Ehe zusammen, der eine Balz vorausgeht. Diese besteht aus zwei Teilen, der sogenannten Boden- und der Luft- oder Flugbalz. Während der Bodenbalz trippelt der Täuber der Täubin hinterher und verbeugt sich häufig vor ihr. Zusätzlich gurrt er, um so seinem Werben Nachdruck zu verleihen. Bei der Flugbalz zeigt der Täuber der Täubin Imponierflüge, wobei er des Öfteren mit den Flügeln unter dem Bauch klatschende Geräusche erzeugt,

Am liebsten brüten Ringeltauben in Nadel- oder Laubbäumen mit dichtem Blattwerk. Falls kein Nest aus dem Vorjahr mehr vorhanden ist, bietet der Täuber der Täubin mehrere potenzielle Brutplätze an, von denen sie einen auswählt. Ist dagegen das Vorjahresnest noch vorhanden, wird es gewöhnlich nur ausgebessert. Beim Nestbau herrscht zumeist Arbeitsteilung. Der Täuber trägt Nistmaterial (vor allem Zweige) heran und die Täubin gestaltet das Nest. Das Gelege bebrüten beide Partner, wobei die Täubin mehr Zeit auf den Eiern verbringt.

Kennzeichnend für den Altvogel ist der weiße Halsfleck, der den Jungvögeln noch fehlt.

Während ihrer ersten neun Lebenstage werden die Nestlinge von beiden Eltern ausschließlich mit Kropfmilch gefüttert. Dabei handelt es sich um ein sehr nährstoffreiches Sekret, das von den Kropfschleimhäuten der Altvögel abgesondert wird. Danach stellen die Eltern die Fütterung auf pflanzliche Komponenten um. Bis zum Flüggewerden benötigen die jungen Tauben knapp einen Monat.

Ringeltauben sind außerhalb der Brutzeit sehr gesellige Vögel, die sich gern mit Artgenossen zu großen Schwärmen vereinigen.

Im Winter verteidigen die Rotkehlchen eigene Reviere.

Rotkehlchen

Erithacus rubecula

Größe: 14 cm

Familie: Fliegenschnäpper, Muscicapidae

Verbreitungsgebiet: Mit Ausnahme Nordskandinaviens und Nordrusslands ist das Rotkehlchen im restlichen Europa sowie in weiten Teilen Nordafrikas und Kleinasiens verbreitet. Die östliche Grenze seines Verbreitungsgebietes ist Westsibirien.

Hauptnahrung: Insekten und deren Larven, Spinnen, Schnecken, kleine Würmer, Beeren, Samen

Brutzeit: April – Juli

Brutdauer in Tagen: 14

Eier pro Gelege: 5 – 7

Bruten pro Jahr: 2 (in seltenen Fällen auch 3)

Gesang

Neben unterholzreichen Wäldern besiedelt das Rotkehlchen auch häufig Parks, Friedhöfe, Feldgehölze und Gärten. Vor allem in Hausgärten zeigt es oft wenig Scheu gegenüber Menschen. Im Gegenteil, wenn man im Garten beispielsweise ein Beet umgräbt oder hackt, kommt es oftmals neugierig herangehüpft und hält Ausschau, ob es dabei nicht ein paar Insekten oder Spinnen erhaschen kann. Normalerweise konzentrieren sich die Aktivitäten dieses Singvogels auf die Tag- und Dämmerungsstunden, aber gelegentlich ist das Rotkehlchen auch nachts unterwegs.

Rotkehlchen sind nicht nur ausgezeichnete Sänger, sondern auch gute Spötter, die den Gesang anderer Vögel, beispielsweise von Buchfinken, phasenweise imitieren.

Im Winter halten sich Männchen und Weibchen in getrennten Revieren auf. Wenn die Paarungszeit einsetzt, fliegt das Weibchen in das Revier eines auserwählten Männchens und führt mit diesem eine monogame Saisonehe. Als Kinderstube werden entweder alte Nester anderer Singvögel vor dem Brüten ausgebessert oder das Weibchen sucht einen geeignet erscheinenden Nistplatz. Dafür favorisiert es oft Halbhöhlen in Bäumen, Bodenvertiefungen, über den Boden ragende Wurzeln oder den Fuß dicht belaubter Sträucher. Anschließend beginnt das Weibchen sofort mit dem Bau des napfförmigen Nestes, wobei es vom Männchen zunächst nur zögerlich unterstützt wird. Als Baumaterial dienen hauptsächlich trockenes Laub, Moos, Stängel, Halme und zarte Wurzeln. Das Brutgeschäft wird nur vom Weibchen durchgeführt, wobei es vom Männchen mit Nahrung versorgt wird.

Der Jungvogel hat eben das Nest verlassen und ist noch kaum flugfähig.

Nach dem Schlupf der Jungen bleibt die Mutter während der ersten Tage im Nest, um den Nachwuchs zu hudern. Dem Vater obliegt es während dieser Zeit, Nahrung für die gesamte Familie heranzuschaffen.

Nach 12–15 Tagen verlassen die Jungen das Nest. Sie sind zu diesem Zeitpunkt noch flugunfähig und werden weiter vom Vater gefüttert und betreut. Das Weibchen sitzt dann gewöhnlich schon auf dem zweiten Gelege.

Rotkehlchen gehören zu den Kuckuckswirten. Gegenüber diesem Brutparasiten zeigen sie ein sehr erstaunliches Verhalten: Gelingt es einem Kuckucksweibchen, den Rotkehlchen eines seiner deutlich größeren Eier unterzuschieben, wird dieses fast immer akzeptiert und ausgebrütet. Bemerken dagegen die Rotkehlchen ein Kuckucksweibchen in der Nähe ihres Nestes, beginnen sie sofort, dieses zu attackieren. Gewöhnlich ergreift der Kuckuck während einer solchen Attacke die Flucht.

e Altvögel ziehen ihren Nachwuchs mit Insekten groß.

Dem flüggen Jungvogel fehlen noch rote Kehle und Brust.

Wegen des gegabelten Schwanzes wird der Rotmilan auch Gabelweihe genannt.

Rotmilan

Milvus milvus

Größe: 58 – 62 cm

Familie: Habichtartige, Accipitridae

Verbreitungsgebiet: Von Südwest- und Westeuropa bis Mitteleuropa.

Hauptnahrung: Kleine Säugetiere und Vögel, Insekten, Regenwürmer, Fische, Lurche, gelegentlich Kriechtiere

Brutzeit: März – April

Brutdauer in Tagen: 32 – 33

Eier pro Gelege: 2 – 4, selten 5

Bruten pro Jahr: 1

Ruffolge

Der Rotmilan wird auch als Königsweihe sowie (aufgrund seines stark gegabelten Schwanzes) als Gabelweihe bezeichnet und gehört zu den farbenprächtigsten Greifvögeln Europas. Aufgrund des gegabelten Schwanzes ist normalerweise eine Verwechslung mit einem Mäusebussard *(Buteo buteo)* nicht möglich, dessen Schwanz halbrund endet. Des Weiteren sind die Schwungfedern an den Flügelenden beim Rotmilan stärker ausgezogen, wodurch sie fast den Eindruck von sehr langen Fingern vermitteln. Außerdem sehen das Flugbild sowie die Flugbewegungen des Bussards im Unterschied zu denen des eleganten Rotmilans relativ plump aus.

Die verhältnismäßig selten ausgestoßenen Rufe eines Rotmilans klingen wie ein klagendes, mehrsilbiges „Hiäh, Kiäh", und erinnern nur wenig an das „Wijäääh" des Mäusebussards. Im Vergleich zu vielen anderen Greifvögeln praktiziert der Rotmilan keine zeitweiligen Ansitzjagden, sondern begibt sich auf Suchflüge. Dabei nutzt er das Überraschungsmoment. Gelingt es ihm nicht, seine Beute beim ersten Angriff zu fassen, wird diese nicht weiterverfolgt. Stattdessen konzentriert er sich darauf, beim Weiterfliegen ein anderes Beutetier zu erspähen. In seenreichen Gebieten werden auch häufig Fische erbeutet, die entweder direkt unter der Oberfläche schwimmen oder tot im Wasser treiben beziehungsweise schon ans Ufer gespült wurden. Außerdem jagen Rotmilane anderen Vögeln, allen voran Schwarzmilanen (*Milvus migrans*), Möwen und Krähen, die Nahrung ab. Zu diesem Zweck werden Vögel in der Luft attackiert, damit sie ihre Beute fallen lassen. Manchmal „piesacken" die Rotmilane ihre Opfer sogar so lange, bis diese bereits geschluckte Nahrung wieder herauswürgen.

Während ein Teil der Rotmilane ganzjährig im Brutgebiet verbleibt, ziehen andere im Herbst in die Mittelmeeranrainerstaaten. Von dort kehren sie im März zurück, um sich zu paaren und die Jungen aufzuziehen. Der Horst wird bevorzugt im Wipfel einer Kiefer, Eiche oder Buche errichtet und anschließend häufig mit alten Lappen, Plastiktüten sowie Papier ausgepolstert. Diese Materialien sammeln die Milane nicht selten auf Deponien zusammen, wobei sie als Nebeneffekt die dortigen Ratten jagen und Aas einsammeln.

Das Bebrüten des Geleges ist bei den Milanen eine Angelegenheit des Weibchens. Während dieser Zeit wird das Weibchen vom Terzel mit Nahrung versorgt. Nach dem Schlupf der Jungen verbleibt die Mutter noch einige Tage im Horst, um die Nestlinge immer wieder zu hudern. Danach beginnt sie, dem Männchen bei der Beschaffung der Nahrung zu helfen.

In der Vergangenheit wurden gelegentliche Verpaarungen zwischen Rot- und Schwarzmilan sowie die anschließende Aufzucht der Mischlingsküken beobachtet. Im Unterschied zu vielen anderen Paarungen, an denen zwei Arten beteiligt sind, erweisen sich diese Mischlinge in späteren Jahren zumeist als fruchtbar.

Während der Brutzeit verhalten sich Rotmilane sehr territorial. Das in dieser Zeit besetzte Revier ist relativ klein und erstreckt sich nur etwa 100 m um den Horst herum. Allerdings verstehen die Milane in diesem kleinen Reich keinerlei Spaß. Falls es ein artfremder Greifvogel oder gar ein Artgenosse wagt, in das Revier einzudringen, wird er sofort energisch angegriffen, wobei die Attacken der Revierinhaber zumeist von oben erfolgen.

Abschließend sei noch auf eine äußerst interessante Verhaltensweise der Rotmilane hingewiesen, für welche bisher noch keine ausreichende Erklärung gefunden wurde: Gelegentlich reißen diese Greifvögel im Flug Koniferenzapfen ab und lassen sie anschließend sofort zu Boden fallen. Es wird nicht ausgeschlossen, dass es sich dabei nur um eine Art übermütiges Spielverhalten handelt – aber möglicherweise steckt auch ein tieferer, bisher noch nicht erforschter Zweck dahinter.

Ebenso wie Mäusebussarde werden Rotmilane trotz ihres eleganten Fluges mehr und mehr zu Opfern von Windkraftanlagen, deren rasenden Flügelspitzen sie übersehen.

Rein weißköpfige Schwanzmeisen treten zuweilen als nordische Gäste in Erscheinung.

Schwanzmeise

Aegithalos caudatus

Größe: 14 cm

Familie: Schwanzmeisen, Aegithalidae

Verbreitungsgebiet: Von Europa (mit Ausnahme von Mittel- und Nordskandinavien) bis Kleinasien, Sibirien und China.

Hauptnahrung: Kleine Insekten und deren Larven, Spinnen, Samen und Knospen sowie kleine Beeren

Brutzeit: April – Juni

Brutdauer in Tagen: 13 – 14

Eier pro Gelege: meist 8 – 12 (im Extremfall bis 16)

Bruten pro Jahr: meist 2

Rufe

Die Populärbezeichnung der Schwanzmeise kann einerseits für Irritationen sorgen, weil diese Art nicht näher mit den Vertretern aus der Familie der Meisen verwandt ist, sondern stattdessen mit Laubsängern, Grasmücken, Schwalben und Lerchen. Andererseits nimmt er Bezug auf ein entscheidendes anatomisches Merkmal dieses Singvogels – den überdimensional langen Schwanz. Dieser versetzt die Schwanzmeise in die Lage, ihren leichten Körper perfekt auszubalancieren, wenn sie sich auf Bäumen bis zu deren äußersten Spitzen hervorwagt, um dort Nahrung zu suchen. Damit ist die Schwanzmeise zugleich ein Musterbeispiel der Evolution, welche sie durch den speziellen Körperbau dazu prädestiniert hat, Nahrungsnischen zu erschließen, die den meisten anderen Vögeln nicht zugänglich sind.

Als Lebensräume bevorzugen Schwanzmeisen feuchte, unterholzreiche Laub- und Mischwälder. Außerdem trifft man sie gelegentlich in Parks, auf Streuobstwiesen sowie in Gärten mit umfangreichen Baumbeständen an. Bei den in Mitteleuropa heimischen Schwanzmeisen handelt es sich um Standvögel, die normalerweise ganzjährig in ihren Brutgebieten verbleiben. In den Wintermonaten finden sich außerdem oft Exemplare aus Osteuropa und Skandinavien in Mitteleuropa ein, um die kalte Jahreszeit in dem etwas milderen Klima zu verbringen.

Beide Partner beschäftigen sich im Frühjahr eifrig mit dem Bau des sackförmigen Nestes, das außen mit Flechten getarnt wird.

Neben streifenköpfigen Schwanzmeisen treten hierzulande auch häufig hellköpfige auf.

Außerhalb der Brutzeit vereinigen sich die Schwanzmeisen häufig zu kleinen Schwärmen, die 10–30 Individuen umfassen. Jeder dieser Schwärme, in denen stets ein enger Zusammenhalt herrscht, beansprucht ein eigenes Territorium, das gegen andere Schwärme verteidigt wird.

Sehr wahrscheinlich führen Schwanzmeisen eine monogame Saisonehe. Die Paare finden sich in den winterlichen Schwärmen und besetzen zwischen Ende Januar und März ein Revier, in dem mit zunehmender Zeitdauer keine ehemaligen Schwarmmitglieder mehr geduldet werden.

Am Bau des Nestes beteiligen sich beide Partner zu etwa gleichen Teilen, wofür sie vor allem Moose, Flechten, Tierhaare, Pflanzenwolle und Spinnweben als Baumaterialien verwenden. Als Nistplatz für das später ovale bis fast kugelförmige, geschlossene Gebilde, das ein seitliches Einflugloch besitzt, werden vorwiegend dichte Sträucher oder Astgabeln ausgewählt.

Das Bebrüten des Geleges erfolgt ausschließlich durch das Weibchen, welches während dieser Zeit vom Männchen mit Nahrung versorgt wird.

Neben den Eltern beteiligen sich manchmal auch Blutsverwandte des Männchens an der Fütterung der Nestlinge. Bei diesen Verwandten handelt es sich zumeist um Exemplare, deren Bruten gescheitert sind. Zwischen dem 15. und 18. Lebenstag verlassen die Jungen das Nest. Sie werden aber in den folgenden 2 Wochen weiter gefüttert.

Das Weibchen des Schwarzspechtes erkennt man an der roten Kappe am Hinterkopf.

Schwarzspecht

Dryocopus martius

Größe: 45 – 47 cm

Familie: Spechte, Picidae

Verbreitungsgebiet: Außer in Großbritannien sowie in Nordskandinavien ist der Schwarzspecht in ganz Europa und einigen Gebieten des Vorderen Orients beheimatet. Außerdem besiedelt er die gemäßigten Klimazonen Asiens bis Ostchina und Japan.

Hauptnahrung: Vornehmlich Ameisen, außerdem andere Insekten, Spinnen und Schnecken. Gelegentlich auch Beeren, Früchte und Samen.

Brutzeit: April – Mai

Brutdauer in Tagen: 13

Eier pro Gelege: 4 – 5

Bruten pro Jahr: 1

Gesang

Das Männchen füttert den bald ausfliegenden männlichen Jungvogel am Höhleneingang.

Unkundige tendieren schnell dazu, den Schwarzspecht für eine Krähe zu halten. Allerdings hat dieser Specht einen grazileren Körperbau und ein leuchtend rotes Scheitelgefieder. Beim Männchen reicht dieses bis zum Nacken, während es beim Weibchen bereits am Hinterhaupt endet.

Der Schwarzspecht repräsentiert die größte Spechtart Europas. Er bewohnt bevorzugt Misch- und Nadelwälder, ist aber zugleich auch sehr anpassungsfähig. So trifft man ihn in seinem riesigen Verbreitungsareal in den Weidendickichten an Taiga-Flüssen sowie in Birkenmonokulturen an. Wichtig ist, dass in seinem Lebensraum ausreichend Totholz vorhanden ist. Schwarzspechte leben außerhalb der Brutzeit als Einzelgänger. Allerdings bleiben die Partner auch dann in Rufkontakt, wenn sie auf Distanz sind und sie keine Zärtlichkeiten austauschen. Im Gegenteil, sobald sie sich einmal sehen, kommt es nicht selten zu gegenseitigen Attacken. Ab Ende Februar sinkt die Aggressionsbereitschaft gegenüber dem Partner. Die Spechte locken sich dann durch Rufe, die wie Dohlenrufe klingen und nähern sich allmählich einander an.

Bei der Nahrungssuche bearbeitet der Schwarzspecht die Bastschicht des Baumes.

In den meisten Fällen befindet sich die Bruthöhle bis zu 55 cm tief in einem dicken Baumstamm. Während der Brutzeit verteidigen die Partner gemeinsam das Brutrevier. Dabei sind sie bestrebt, Artgenossen von vornherein fernzuhalten, indem sie tagsüber oftmals mehr als 10.000 Mal mit ihrem Schnabel auf einem möglichst gut resonanzfähigen Holz trommeln.

Am Tage wechseln sich die Eltern beim Brüten ab, während nachts nur das Männchen auf dem Gelege sitzt. Das Weibchen zieht sich dann in ihre eigene Schlafhöhle zurück. Nach 13 Tagen schlüpfen die Nestlinge, die in den folgenden 9–10 Tagen oft gehudert werden. Anfangs erhalten sie einen vornehmlich aus Ameisen bestehenden Futterbrei als Nahrung, welchen die Altvögel hervorwürgen. Nach ein paar Tagen stellen die Eltern die Nahrung auf lebende Kleintiere um. Damit die Jungen ihre Kletterfähigkeiten trainieren, wird ihnen ab dem 17. Lebenstag die Nahrung am Bruthöhleneingang und eine Woche später außerhalb der Höhle übergeben.

Die Altvögel sind sehr standorttreu und verbleiben das ganze Jahr über in ihrem Revier. Dagegen wandern die flügge gewordenen Jungvögel auf der Suche nach einem eigenen Revier in den meisten Fällen weit fort.

Bei dem fast flüggen Jungvogel im Horst sind Beine und Schnabel noch blass gefärbt.

Schwarzstorch

Ciconia nigra

Größe: 95 – 100 cm

Familie: Störche, Ciconiidae

Verbreitungsgebiet: Der Schwarzstorch ist punktuell von der Iberischen Halbinsel über Frankreich und Mitteleuropa bis einschließlich Asien und den Vorderen Orient verbreitet. Er fehlt in Skandinavien sowie in den kälteren Klimaregionen Asiens. Zudem kommt der Schwarzstorch in diesen Regionen nicht flächendeckend vor.

Hauptnahrung: Fische, Rundmäuler, Amphibien, Schnecken und Würmer; selten kleine Säuger, außerdem weiche Pflanzen(teile)

Brutzeit: Ende März/Anfang April – Juni

Brutdauer in Tagen: 32 – 38

Eier pro Gelege: 3 – 5

Bruten pro Jahr: 1

Balz

Beim fliegenden Altvogel ist die weiße Bauchseite des Schwarzstorches erkennbar.

In Deutschland gehört der auch als Waldstorch bezeichnete Schwarzstorch zu den seltenen Arten und steht unter strengem Schutz. Der Körperbau ähnelt dem seines engsten Verwandten, dem Weißstorch *(Ciconia ciconia)*. Letztgenannter ist allerdings rund 10 % größer und sein Kopf-, Hals- und Flügelbereich ist rein weiß gefärbt, während diese Körperregionen beim Schwarzstorch grünschwarz glänzen.

Als Biotope bevorzugt der tagaktive Schwarzstorch urwüchsige, feuchte Laub- und Mischwälder, in denen sich kleine Tümpel und Bäche befinden. Hier führt er eine weitgehend verborgene Lebensweise.

Schwarzstörche sind Langstreckenzieher. Die mitteleuropäischen Exemplare verlassen Ende August/Anfang September ihre Sommerquartiere, um den Winter in Zentral-, Ost- beziehungsweise Südwestafrika zu verbringen. (Die asiatischen Populationen überwintern in Südostasien.)

Schwarzstörche führen eine nicht immer ganz monogame Saisonehe. In den meisten Fällen sind es die Männchen, die zuerst aus den Winterquartieren ankommen. Sie besetzen sofort ein Revier, das anschließend energisch gegen Artgenossen verteidigt wird. Außerdem beginnen sie sofort mit dem Bau oder der Ausbesserung eines bereits vorhandenen Nestes, welches sich entweder auf einem hohen Baum oder einem Felswandvorsprung befindet. Nicht selten werden außer dem Hauptnest noch sogenannte Ausweichnester angelegt.

In den ersten Wochen nach der Ankunft aus den Winterquartieren reagieren Schwarzstörche sehr sensibel auf anthropogene Störungen. Derartige Störungen führen mitunter sogar dazu, dass die Tiere ihre Brutstätte aufgeben und abwandern. Am Brutgeschäft beteiligen sich beide Eltern, wobei nachts immer das Weibchen auf dem Gelege sitzt. In den ersten zwei Wochen nach dem Schlupf werden die Storchenküken ständig von der Mutter bewacht, gehudert und beschattet, während der Vater die Familie mit Nahrung versorgt. Später beteiligt sich auch die Mutter an der Nahrungsbeschaffung. Schwarzstörche verschlingen die Nahrung normalerweise unzerkleinert. Später speien sie die unverdaulichen Komponenten in Form von Gewöllen aus.

Bis zum Flüggewerden benötigen die Jungstörche 60–70 Tage. Im Unterschied zu den Altvögeln weisen ihre Beine sowie der Schnabel noch keine rote, sondern eine graugrüne Färbung auf.

Im Vergleich zu Weißstörchen verfügen Schwarzstörche über ein verhältnismäßig großes Stimmrepertoire. Neben dem seltenen Schnabelklappern geben sie noch zahlreiche weitere Rufe und anhaltende Gesänge von sich. Im Verteidigungs- sowie Aggressionsmodus erinnern einige ihrer Laute sogar an ein Fauchen.

Im Licht der Sonne schillert das Körpergefieder in bunten Strukturfarben.

Mit etwas Mühe kann man die hellgelben Unterflügeldecken der Singdrossel erkennen, bei der Misteldrossel sind sie weiß.

Singdrossel

Turdus philomelos

Größe: 23 cm

Familie: Drosseln, Turdidae

Verbreitungsgebiet: In Nordskandinavien und im südlichen Mittelmeerraum; sonst überall in Europa, von wo aus sich ihr Verbreitungsgebiet bis zum Baikalsee erstreckt.

Hauptnahrung: Obst (vor allem Beeren), Regenwürmer, Insekten und Schnecken. Um letztere aus ihren Gehäusen zu bekommen, nutzen Singdrosseln oftmals eine sogenannte Drosselschmiede. Dabei handelt es sich um einen immer wieder verwendeten Stein, auf welchem die Schneckenhäuser zertrümmert werden. Die Bruchstücke bleiben rings um den Stein liegen, wodurch man diesen als „Schmiede" identifizieren kann.

Brutzeit: April – Juli

Brutdauer in Tagen: 12 – 14

Eier pro Gelege: zumeist 5

Bruten pro Jahr: 2

Vollgesang

Der flügge Jungvogel ist durch die Fleckung des Flügels zu erkennen.

Am wohlsten fühlt sich diese Art in feuchten, schattigen Nadel-, Misch-, Laub- sowie Auenwäldern mit reichhaltigen Unterholzbeständen. Des Weiteren besiedelt sie Wacholderwiesen, Feldgehölze, Alleen und Gärten sowie Friedhöfe und Parks. Allerdings kann sich die Singdrossel in zahleichen potenziellen Lebensräumen nicht gegen die Amsel (*Turdus merula*) behaupten, sondern wird stattdessen von dieser verdrängt. Dieses Verhalten basiert einerseits darauf, dass die Amsel größer und stärker ist, und andererseits beide Arten um nahezu die gleichen Nahrungsressourcen konkurrieren.

Singdrosseln sind Kurzstreckenzieher, die Ende September/Anfang Oktober ihre Brutgebiete verlassen, um den Winter in West- oder Südeuropa beziehungsweise in Nordafrika zu verbringen. Von dort kehren sie bereits Ende Februar/Anfang März wieder nach Mitteleuropa zurück. Dann beginnen die männlichen Singdrosseln Reviere zu besetzen und lassen – vor allem am Morgen und Abend – ihren sehr melodischen Gesang ausdauernd erklingen (mitunter dauert ein solches „Singdrosselkonzert" bis zu 50 Minuten). Als Singwarte wählen sie dafür gern die Kronen hoher Bäume Mit ihrem Gesang wollen sie einerseits männliche Artgenossen darauf hinweisen, dass das betreffende Revier besetzt ist. Andererseits dient der Gesang dem Anlocken von Weibchen. Dessen Ansprüche sind bei der Wahl des Brutplatzes nicht sonderlich hoch. Es wird entweder ein Strauch oder ein Baum das „Grundstück" für die künftige „Kinderstube". Nachdem es sich auf einen Brutplatz festgelegt hat, wird sofort mit dem Bau des schalenförmigen Nestes begonnen, welches vorwiegend aus Reisig, Gras und Moos besteht und im Inneren eine Auskleidung aus Holzmulm erhält. Auch das spätere Bebrüten des Geleges gehört zu den alleinigen Pflichten des Weibchens.

Sobald die Jungen geschlüpft sind, schaffen beide Eltern Futter heran. Außerdem hudert das Weibchen die Jungen bei kühlem, regnerischem Wetter oft. Nach etwa 14 – 15 Tagen werden die Jungen flügge und verlassen das Nest. Allerdings halten sie sich in den folgenden zwei Wochen weiter in dessen Nähe auf und erhalten weiterhin Futter von ihren Eltern.

Wie die Amsel findet auch die Singdrossel die meiste Nahrung und das Futter für die Jungen am Boden.

Merkmale des Sommergoldhähnchens, hier ein Weibchen, sind ein weißer Überaugenstreif und ein goldfarbener Mantel.

Sommergoldhähnchen

Regulus ignicapilla

Größe: 9 cm

Familie: Goldhähnchen, Reglidae

Verbreitungsgebiet: Von Nordafrika über Süd-, West- und Mitteleuropa sowie Südskandinavien und Großbritannien bis Kleinasien verbreitet. Allerdings existieren im Verbreitungsgebiet mehrere, teilweise großflächige Regionen, in denen Sommergoldhähnchen fehlen.

Hauptnahrung: Kleine Spinnen, Insekten und deren Larven, kleine Würmer, gelegentlich Samen

Brutzeit: Mai – Juli

Brutdauer in Tagen: 14 – 16

Eier pro Gelege: 7 – 12

Bruten pro Jahr: 2

Gesang

Gemeinsam mit den Wintergoldhähnchen (*Regulus regulus*) repräsentieren die Sommergoldhähnchen, die auch als Feuerköpfige Goldhähnchen bezeichnet werden, die kleinsten und leichtesten Vogelarten Europas.

Seinen Populärnamen erhielt dieser Winzling, weil sich die meisten Exemplare nur im Sommer in Mitteleuropa aufhalten und den Winter in Südfrankreich, Spanien oder Nordafrika verbringen. Die wissenschaftliche lateinische Gattungsbezeichnung „Regulus" bedeutet so viel wie „kleiner König" und nimmt Bezug auf das gelb-orangefarbige Scheitelgefieder (Männchen), das aufgestellt werden kann und dann mit etwas Fantasie an eine (Königs-)Krone erinnert.

In seiner Gefiederfärbung ähnelt das Sommergoldhähnchen dem Wintergoldhähnchen. Eine Unterscheidung ist anhand des Rückengefieders, das beim Sommergoldhähnchen keine grüne, sondern eine gelbgrüne Färbung zeigt, sowie des weißlichen Überaugenstreifens möglich. Dieser fehlt dem Wintergoldhähnchen. In der älteren Literatur wurde das Madeira-Goldhähnchen (*Regulus madeirensis*) zumeist als Unterart des Sommergoldhähnchens angesehen. Inzwischen gilt diese Auffassung als überholt und dem Madeira-Goldhähnchen wurde ein eigenständiger Artstatus verliehen.

Wenngleich sich Sommergoldhähnchen in Nadel- und Mischwäldern mit hohem Nadelholzanteil am wohlsten fühlen, siedeln sie sich gelegentlich auch in größeren Parks und Gärten an, in denen reichlich Unterholz vorhanden ist.

In den meisten Fällen wird in einer Astgabel oder zwischen stärkeren Zweigen ein nahezu kugelförmiges Hängenest mit oberseitigem Einschlupfloch gebaut, das sich durch eine große Robustheit auszeichnet. Diese Robustheit resultiert daraus, dass neben Moosen und Flechten zahlreiche Gespinste verbaut werden. Das fertige, mit Federn und Haaren gepolsterte Nest ist anschließend gut wärmeisoliert und die Nestmulde bleibt sogar bei starken Regenfällen trocken. In Ausnahmefällen nutzen die Sommergoldhähnchen Baumhöhlen oder unter Efeu beziehungsweise sonstigen Kletterpflanzen verborgene Mauer-/Felsnischen als Kinderstube.

Die frisch geschlüpften Nestlinge sind anfangs so klein, dass sie von ihren Eltern nur mit winzigen Springschwänzen gefüttert werden. Außerdem bekommen sie häufig kleinste Schneckengehäusebruchstücke, die viel Kalk enthalten, welcher für eine normale Entwicklung des Skeletts große Bedeutung hat. Bis zum Flüggewerden benötigen die jungen Sommergoldhähnchen zumeist 3 – 3,5 Wochen.

Das männliche Sommergoldhähnchen imponiert mit seinem rotgoldenen Scheitelgefieder.

Der Sperlingskauz ist kaum so groß eine Männerfaust.

Sperlingskauz

Glaucidium passerinum

Größe: 16 – 17 cm

Familie: Eigentliche Eulen, Strigidae

Verbreitungsgebiet: Die Sperlingskäuze sind in einem Gebiet zu Hause, das sich von Skandinavien und Teilen Mitteleuropas bis nach Ostsibirien und in die Mongolei erstreckt.

Hauptnahrung: Wühl-, Spitz- und Echte Mäuse, Singvögel, Lurche, Kriechtiere

Brutzeit: April – Mai

Brutdauer in Tagen: 28

Eier pro Gelege: 4 – 7

Bruten pro Jahr: 1

Gesang

Der Sperlingskauz, der in seiner Färbung dem Steinkauz ähnelt, wiegt nur 60–70 g. Er repräsentiert nicht nur die kleinste Eulenart Europas, sondern gehört auch zu den kleinsten Eulenvertretern der Welt. In diesem Zusammenhang ist es besonders bemerkenswert, dass diese kleine Eule Singvögel bis zur Größe einer Drossel erbeutet.

Die Jagd findet zumeist am Tag statt, wobei sich die Hauptaktivitäten auf die frühen Morgenstunden sowie die Zeit kurz vor dem Einsetzen der Dämmerung konzentrieren. Dabei zeigt der Sperlingskauz eine große Vorliebe für die Ansitzjagd. Hierbei verharrt er weitgehend reglos auf seinem Ansitz und „verschmilzt" so optisch mit der Umgebung. Sobald ein geeignetes Beutetier entdeckt wird, fliegt der Sperlingskauz lautlos zu diesem, ergreift es mit seinen Fängen und tötet es durch einen Genickbiss. Sperlingskäuze betreiben eine sehr bemerkenswerte Form der Vorratswirtschaft. Zu diesem Zweck legen sie im Spätherbst in einer kleinen Höhlung ein Depot an, in das eine größere Stückzahl an erlegten Beutetieren als Wintervorrat eingetragen wird. Die herbstliche und winterliche Kälte sorgen anschließend dafür, dass diese Beutetiere nur sehr langsam verwesen.

Sperlingskäuze nutzen gern verlassene Spechthöhlen sowie kleinere Eulennistkästen als Brutstätten. Sie leben in monogamer Saisonehe zusammen, wobei sich manche Exemplare über Jahre hinweg immer wieder als Paare finden. Die Ursache dafür dürfte vor allem in der ausgeprägten Reviertreue der Sperlingskäuze liegen, denn eine überschwängliche Zuneigung ist zwischen den Partnern fast nie zu beobachten. Im Gegenteil, nach der Paarung erweisen sich diese Käuze als recht kontaktscheu. Deshalb sieht man sie auch nur ganz selten einträchtig nebeneinandersitzen. Wesentlich häufiger wird der Ruhe- beziehungsweise Schlafplatz in einiger Entfernung zum Partner gewählt. In diesem Zusammenhang wird vermutet, dass eine enge Korrelationen zwischen dem kontaktscheuen Verhalten und der ausgepräg-

Bevor er aktiv wird, streckt er beide Flügel nach oben.

ten Aggressivität dieser Vögel besteht. So werden Artgenossen, die in das 2–3 km² große Revier eines männlichen Sperlingskauzes eindringen, sofort attackiert. Dabei verschonen die Männchen auch fremde Weibchen nicht, die innerhalb der Brutzeit durch ihr Revier fliegen.

Trotz des Futters, welches das Männchen während der Brutzeit unermüdlich heranschafft, verliert das Weibchen bis zu einem Drittel seines Gewichtes, weil es durch die Betreuung der Jungen körperlich stark in Anspruch genommen wird.

Aufgrund ihrer geringen Größe haben die Sperlingskäuze viele natürliche Feinde, allen voran Marder, die des Öfteren versuchen, die Bruthöhle zu plündern. Vernimmt das Weibchen das Kratzen eines aufbäumenden Marders an dem Stamm, in dem sich die Nisthöhle befindet, ist es zunächst bestrebt, nicht aufzufallen. Gemeinsam mit den Nestlingen verhält es sich dann ganz still. Falls der Räuber die Höhle aber trotzdem entdeckt, stellt sich die Mutter vor ihren Nachwuchs und attackiert den Feind mit Schnabelhieben und Krallenschlägen. Bemerkt das Männchen diese kritische Situation, kommt es dem Weibchen sofort zu Hilfe und „bearbeitet" den Räuber von außen. Sperlingskäuze, die sich außerhalb der Bruthöhle befinden, nehmen beim Auftauchen eines Fressfeindes häufig eine Tarnstellung ein, indem sie mit gestrecktem Körper reglos verharren. Kommt der Feind näher, ergreifen sie entweder schnell die Flucht oder beginnen, mit dem Schnabel zu knappen und die Augen weit aufzureißen, um den Räuber dadurch abzuschrecken.

Sperlingskäuze betreiben eine intensive Körperpflege, indem sie ausgiebig ihr Gefieder putzen und sich dabei gelegentlich kräftig schütteln. Des Weiteren nehmen sie vor allem nach Mahlzeiten, bei denen das Gefieder stark verschmutzt wurde, gern Regenduschen beziehungsweise Schnee- oder Wasserbäder. Dagegen werden Sandbäder, wie sie vom Uhu bekannt sind (siehe dort), niemals beobachtet.

Das Weibchen wartet im Höhleneingang auf die Beute, die das Männchen bringt.

Sprosser

Luscinia luscinia

Größe: 17 cm

Familie: Fliegenschnäpper, Muscicapidae

Verbreitungsgebiet: Das Brutgebiet des Sprossers erstreckt sich von Südskandinavien und Deutschland bis nach Westsibirien und zum Balkan.

Hauptnahrung: Spinnen, Insekten und deren Larven, Regenwürmer, Beerenobst. Eine ganz besondere Vorliebe hat dieser Singvogel für die Früchte vom Holunder, Faulbaum, Brom- und Johannisbeeren.

Brutzeit: Mai – Juni

Brutdauer in Tagen: 13 – 14

Eier pro Gelege: 4 – 6

Bruten pro Jahr: 1

Gesang

Der Sprosser besitzt mit der Nachtigall (*Luscinia megarhynchos*), siehe dort, eine „Doppelgängerin". Sein Populärname leitet sich sehr wahrscheinlich von den Flecken auf dem Brustgefieder ab, die mit etwas Fantasie an Sommersprossen erinnern.

Am Boden bewegt sich der Sprosser zumeist hüpfend. Dabei wirken seine Bewegungen etwas gemächlicher als die der Nachtigall. In den Abendstunden nimmt dieser Vogel äußerst gern ausgiebige Bäder.

Sprosser sind Zugvögel, die in Ost- und Südostafrika überwintern, wobei es sich bei den europäischen Exemplaren um sogenannte „Schleifenzieher" handelt. Darunter versteht man Vögel, bei denen Weg- und Heimzug aus/zum Brutgebiet nicht auf den gleichen Routen stattfinden.

Ende April kehren die Sprosser aus ihren Überwinterungsgebieten zurück, wobei die Männchen etwa 10 Tage früher erscheinen, um Brutreviere zu besetzen. Diesbezüglich bevorzugen sie lichte feuchte Auenwälder mit dichten Strauchformationen sowie Erlen- und Weidenbrüche. Sprosser führen eine monogame Saisonehe, wobei erneute Verpaarungen mit dem vorjährigen Partner selten vorkommen, da die Weibchen im Unterschied zu den Männchen kaum standorttreu sind. Das vom Weibchen allein erbaute Nest befindet sich fast immer am Boden oder zumindest in Bodennähe. Auch das Bebrüten des Geleges erfolgt ausschließlich durch das Weibchen, das während dieser Zeit kaum vom Männchen mit Nahrung versorgt wird. Aus diesem Grund legt das Weibchen gelegentliche, 2–15-minütige Brutpausen ein, um Nahrung in der Nähe des Nestes zu suchen. Sobald die Nestlinge geschlüpft sind, wird der Vater aktiv und versorgt diese zunächst allein mit Nahrung. Ab dem 2. Lebenstag der Nestlinge beteiligt sich auch das Weibchen an deren Fütterung. Das Hudern der Jungen bleibt aber alleinige Aufgabe des Weibchens.

Zwischen dem 10. und 12. Lebenstag verlassen die Jungen das Nest. In den folgenden 2–3 Wochen erhalten sie aber weitere Fütterungen durch die Altvögel.

Durch Deutschland verläuft der Bereich, in dem sich die östlichen beziehungsweise westlichen Verbreitungsgebiete von Nachtigall und Sprosser überlappen. In diesem relativ schmalen Überlappungsgebiet kommt es immer wieder zu gelegentlichen Bastardierungen zwischen beiden Arten. Die daraus hervorgehenden Nachkommen sind zwar alle lebensfähig, aber sämtliche Weibchen erweisen sich als steril. Dagegen ist bei sämtlichen Männchen eine uneingeschränkte Zeugungsfähigkeit vorhanden.

Der Sprosser hat spitzere Flügel als die Nachtigall, eine gefleckte Brust und einen dunkelbraunen Schwanz.

Sumpfmeise

Poecile palustris

Größe: 11,5 cm

Familie: Meisen, Paridae

Verbreitungsgebiet: Die Sumpfmeise ist in zwei großen, jedoch weit voneinander entfernten Verbreitungsarealen heimisch. Das eine beginnt in Nordspanien und den mittleren Bereichen Großbritanniens: Es umfasst (außer Mittel- und Nordskandinavien) nahezu das gesamte restliche Europa und endet in Westsibirien. Das zweite Gebiet konzentriert sich auf Ostasien und reicht vom Altaigebiet und dem Quellgebiet des Amur bis nach Japan.

Hauptnahrung: Insekten, deren Larven, Spinnen und Samen; vor allem von Kräutern und Gräsern

Brutzeit: April – Mai

Brutdauer in Tagen: 15

Eier pro Gelege: 6 – 10

Bruten pro Jahr: 1

Klapperstrophe

Aufgrund ihrer schlichten Färbung wird die Sumpfmeise auch als Grau- oder Nonnenmeise bezeichnet. Die Populärbezeichnung „Sumpfmeise“ wurde allerdings nicht besonders vorteilhaft gewählt, denn dieser Singvogel besiedelt keine sumpfigen Landschaften, sondern zeigt eher eine Vorliebe für weitgehend trockene Laub- und Mischwälder. Außerdem siedelt sich diese Art des Öfteren in Feldgehölzen, Parks, Gärten und auf Streuobstwiesen an, wobei sich die Sumpfmeisen zumeist durch eine große Standorttreue auszeichnen. In den meisten Fällen verbleiben sie auch ganzjährig in ihren Brutgebieten.

Mit der Weidenmeise (*Poecile montanus*) besitzt die Sumpfmeise eine sehr ähnlich aussehende „Doppelgängerin“. Am besten lassen sich beide Arten anhand ihrer Rufe und Gesänge unterscheiden. Außerdem wirkt die Weidenmeise in ihrer Gesamterscheinung ein wenig kräftiger. (Gelegentlich sind auch natürliche Hybriden zu beobachten, die aus der Verpaarung von Sumpf- und Weidenmeise hervorgegangen sind.)

Sumpfmeisen führen eine monogame Dauerehe. Allerdings muss das Männchen im Vorfeld ein Revier besetzen. In diesem sucht das Paar bereits im Spätherbst eine geeignete Nisthöhle für das kommende Jahr. Nicht selten werden für diesen Zweck schon bestehende kleine Hohlräume in morschem Holz erweitert oder vorhandene Höhlen hergerichtet. Diese Arbeiten übernimmt, genau wie den Bau des Nestes und das spätere Bebrüten des Geleges, das Weibchen. Das Männchen versorgt sein Weibchen während dieser Zeit mit Nahrung.

An der Fütterung des Nachwuchses beteiligen sich beide Altvögel, das Hudern übernimmt jedoch ausschließlich das Weibchen. Zwischen ihrem 16. und 21. Lebenstag fliegen die Jungen aus. Sie werden danach noch ein bis zwei Wochen lang von den Eltern betreut. Anschließend verlassen die Jungen entweder das elterliche Revier oder sie streifen mit diesen noch einige Zeit herum. Spätestens im Herbst zerfallen aber auch diese inzwischen sehr lockeren Familienverbände und die Jungen fliegen ihrer eigenen Wege.

Der kleine schwarze Kehlfleck kennzeichnet die Sumpfmeise.

Ein erregter Tannenhäher stößt eine Serie rauer Schreie aus.

Tannenhäher

Größe: 32 cm

Nucifraga caryocatactes

Familie: Rabenvögel, Corvidae

Verbreitungsgebiet: Tannenhäher kommen von Skandinavien und Polen über Sibirien bis nach China sowie Japan vor. In Mitteleuropa sind nur punktuelle Vorkommen vorhanden, die sich vor allem auf die Mittel- und Hochgebirgsregionen konzentrieren. Im Herbst treten manchmal in einigen Regionen Mitteleuropas regelrechte Invasionen von Tannenhähern auf. Bei diesen Vögeln handelt es sich fast immer um Exemplare aus Sibirien, die nur den Winter in Mitteleuropa verbringen und im zeitigen Frühjahr in ihre angestammten Brutgebiete zurückfliegen.

Hauptnahrung: Im Sommer fressen Tannenhäher vorwiegend Insekten und kleine Wirbeltiere wie Eidechsen und Frösche. Im Spätsommer steigen sie auf Beeren und Obst um und im Herbst/Winter dominieren die als Zirbelnüsse bezeichneten Früchte der Zirbelkiefer sowie Eichel, Bucheckern und Haselnüsse.

Brutzeit: März – April

Brutdauer in Tagen: 16 – 21

Eier pro Gelege: 3 – 4

Bruten pro Jahr: 1

Krährufe

Die Populärbezeichnung des Tannenhähers kann hinsichtlich der systematischen Einordnung zu Trugschlüssen führen, denn dieser Vogel ist nicht näher mit dem Eichelhäher (*Garrulus glandarius*), sondern stattdessen mehr mit der Dohle (*Coloeus monedula*) verwandt.

Tannenhäher bevorzugen als Lebensräume Nadelwälder mit einem hohen Fichten- oder Zirbelkiefernanteil sowie Mischwälder. Im Herbst legen diese Vögel Vorratskammern für den Winter an, in die sie bevorzugt Zirbel- und Haselnüsse deponieren. Dieses Anlegen geschieht in der Weise, dass der Tannenhäher zunächst mit seinem Schnabel ein Loch in den Erdboden hackt. Anschließend würgt er die zuvor im Schlund verstauten Samen in das Loch und deckt es danach mit Erdreich und Pflanzen zu. Erstaunlicherweise finden Tannenhäher etwa 75–85% ihrer Vorratskammern sogar dann wieder, wenn diese von einer geschlossenen Schneedecke überzogen sind. Woran sich der Tannenhäher bei diesem Wiederauffinden orientiert, konnte die Wissenschaft bisher noch nicht genau klären.

Der Nestbau, an dem sich beide Partner beteiligen, erfolgt in einem Nadelbaum, wobei Fichten bevorzugt und Lärchen meist gemieden werden. Das Nest befindet sich oft nah am Stamm und besteht aus Zweigen, trockenen Gräsern, Moosen und Flechten, die mit feuchter Erde verklebt werden. Während des Brütens wechseln sich die Partner ab. Ebenso erfolgt die Fütterung und Betreuung der Nestlinge durch beide Eltern. Nach gut drei Wochen benötigen die jungen Häher das Nest nicht mehr. Anschließend leben sie noch einige Zeit mit den Eltern als Familienverband zusammen. Sie erhalten während dieser Zeit noch des Öfteren Futter von den Altvögeln.

Im Spätsommer sammelt der Tannenhäher Samen von Zirbelkiefern im Gebirge, im Mittelgebirge hält er sich an Haselnüsse.

Die Tannenmeise kann das Scheitelgefieder zu einem kleinen Schopf aufrichten.

Tannenmeise

Periparus ater

Größe: 11 cm

Familie: Meisen, Paridae

Verbreitungsgebiet: Tannenmeisen sind außer in Nordskandinavien von Europa bis nach Nordafrika sowie dem Vorderen Orient beheimatet. Des Weiteren kommen sie in Sibirien, der Mongolei, Ostchina und Japan vor.

Hauptnahrung: Insekten, Spinnen, Samen (bevorzugt von Fichten)

Brutzeit: April – Juni

Brutdauer in Tagen: 13 – 16

Eier pro Gelege: 8 – 10

Bruten pro Jahr: 1 – 2 (in Ausnahmefällen auch 3)

Gesang

Die Tannenmeise ist wie die Haubenmeise stark an Nadelbäume gebunden.

Bei der Tannenmeise handelt es sich um die kleinste und leichteste mitteleuropäische Meisenart. Ursprünglich besiedelte die Tannenmeise Nadel- und Mischwälder, aber in den letzten zweihundert Jahren entwickelte sie sich auch zu einem Kulturfolger, der sich dauerhaft auf Streuobstwiesen sowie in Gärten und Parkanlagen etablierte, die einen umfangreichen Gehölzbestand mit Nadelbäumen aufweisen. Tannenmeisen werden gelegentlich mit der Kohlmeise (*Parus major*) verwechselt. Der markanteste Unterschied zwischen beiden Arten besteht in der Hinterhaupts- und Nackenfärbung. Während diese bei der Kohlmeise einheitlich lackschwarz ist, besitzt die Tannenmeise einen breiten weißen Längsstreifen, der sich deutlich von dem restlichen Nackengefieder abhebt. Des Weiteren besitzt die Kohlmeise ein breites schwarzes Band, das sich von der Kehle bis zum Bauch erstreckt und die Körperunterseite in zwei gelbe Bereiche teilt. Dagegen ist bei der Tannenmeise nur ein schwarzer Brustlatz vorhanden und ihr Brust- sowie Bauchgefieder wirkt schmutzig weiß bis hellgraugelb.

Wie die meisten Meisen ist auch die Tannenmeise ein Höhlenbrüter – allerdings ein äußerst anpassungsfähiger. Falls sie keine geeigneten Höhlen in Bäumen oder in Felsen findet, brütet sie notfalls auch in einem verlassenen Mäusebau. Besonders gern werden Höhlungen angenommen, deren Einflugloch einen Durchmesser von 26 – 28 mm aufweist.

Das Weibchen erbrütet das Gelege allein. Während dieser Zeit wird es vom Männchen mit Nahrung versorgt. Nach einer Brutdauer von etwa 14 Tagen schlüpfen die Nestlinge, an deren Fütterung sich beide Eltern beteiligen, wobei die Mutter fast immer deutlich mehr Nahrung herbeischafft. Bei einer kräftigen, ausgewogenen Ernährung benötigen die jungen Tannenmeisen 21 Tage bis zum Verlassen der Bruthöhle. Danach werden sie noch einige Tage von den Altvögeln gefüttert.

Im Vergleich mit anderen Meisen besitzen Tannenmeisen überdurchschnittlich lange Zehen. Dadurch ist es ihnen möglich, sich sogar an den relativ dünnen Koniferennadeln festzuhalten und dabei die Samen aus den Zapfen zu picken.

In Mitteleuropa verbleiben die Tannenmeisen normalerweise ganzjährig in ihren Brutgebieten. Vor Einbruch des Winters erscheinen oftmals zugewanderte nord- und osteuropäische Exemplare, die nicht selten mit den mitteleuropäischen Tannenmeisen Schwärme bilden, um gemeinsam Nahrung zu suchen. Am Ende des Winters lösen sich die Schwärme auf und die zugewanderten Meisen treten den Rückflug in ihre nord- und osteuropäischen Heimatgebiete an.

Die Tannenmeise ist kleiner als die Kohlmeise, der weiße Nackenfleck ist nicht immer sichtbar.

Das Weibchen sorgt für den Ausbau des Nestes in der Bruthöhle.

Trauerschnäpper

Ficedula hypoleuca

Größe: 13 cm

Familie: Fliegenschnäpper, Muscicapidae

Verbreitungsgebiet: Trauerschnäpper verbringen den Sommer in einem Gebiet, das sich von Spanien und Nordafrika, mit punktuellen Vorkommen in Frankreich und Großbritannien, über Mitteleuropa und Skandinavien (außer einigen Bereichen im Norden) bis Westsibirien erstreckt.

Hauptnahrung: Insekten und deren Larven, Spinnen, geringfügig auch Beeren und Samen

Brutzeit: Mai – Juni

Brutdauer in Tagen: 13

Eier pro Gelege: 5 – 8

Bruten pro Jahr: 1

Gesang

In manchen Regionen wird dieser Vogel auch als Trauerfliegenschnäpper bezeichnet. Interessanterweise variiert die Färbung der Männchen innerhalb des Verbreitungsgebietes. Während manche schwarz-weiß gefärbt sind, ist bei anderen der Rücken nicht schwarz, sondern dunkelbraun. Vom Weibchen, das einen bräunlichen Rücken und ein weißliches bis hellgraubeiges Brust- und Bauchgefieder besitzt, kann man das Männchen ganz leicht anhand seines weißen Stirnflecks unterscheiden.

Trauerschnäpper sind Langstreckenzieher, die den Winter im tropischen Afrika verbringen. Von dort kehren sie im April unter anderem auch in ihre mitteleuropäischen Brutgebiete zurück. Neben lichten Laub-, Misch- und Auenwäldern (mit Vorliebe in Gewässernähe) wählen sie des Öfteren auch baumreiche Friedhöfe, große Gärten und Parks als Lebensräume aus. Dabei schätzen die Trauerschnäpper den Bereich unter dem Kronendach der Bäume als Jagdrevier sehr, weil dieser sowohl ausreichend Deckung bietet als auch ein reichhaltiges Angebot an Insekten aufweist.

Trauerschnäpper sind Höhlenbrüter. Während der Fortpflanzungsphase haben viele Männchen ihre Partnerschaftsbeziehungen auf „Vielweiberei“ ausgerichtet. Nachdem ein solches Männchen ein Revier besetzt hat, versucht es, 2–3 Weibchen an sich zu binden. Jedes Weibchen bezieht dann innerhalb dieses Reviers eine eigene Bruthöhle. Das Männchen beteiligt sich, unabhängig von der Anzahl seiner Partnerinnen, nicht am Brutgeschäft. In diesem Zusammenhang ist folgender Sachverhalt sehr bemerkenswert: Die Trauerschnäpperweibchen legen umso mehr Eier, je größer die Gelege von anderen, in unmittelbarer Nachbarschaft brütenden Vögel sind. Das Männchen versorgt jedoch die Weibchen während des Brütens mit Nahrung. Allerdings scheinen die Männchen dabei teilweise sehr große Unterschiede zu machen, denn oftmals betreuen sie nicht alle ihre Weibchen mit der gleichen Intensität.

Nachdem die Nestlinge geschlüpft sind, werden sie von beiden Altvögeln mit Nahrung versorgt. Bis zum Verlassen des Nestes benötigen die Jungen etwa 14 Tage. Zwischen Ende August und Anfang September fliegen die Trauerschnäpper in ihre afrikanischen Überwinterungsquartiere.

Das Jugendkleid ist braun, die Unterseite stark gemustert.

Dieses alte Männchen weißt eine reine schwarz-weiß-Färbung auf.

Turteltaube

Streptopelia turtur

Größe: 27 cm

Familie: Tauben, Columbidae

Verbreitungsgebiet: Von Nordafrika über Spanien und Großbritannien sowie Süd- und Mitteleuropa bis zur Mongolei. In Dänemark brütet die Turteltaube nur gelegentlich. Im restlichen Skandinavien fehlt sie genauso wie in Nordrussland und den nördlichen Teilen Sibiriens.

Hauptnahrung: Zumeist wird die Nahrung am Boden aufgesammelt. Samen sowie Beeren, Pilze, Knospen und (relativ zarte) krautige Pflanzen (beispielsweise Kleearten).

Brutzeit: Mai – August

Brutdauer in Tagen: 15

Eier pro Gelege: 2

Bruten pro Jahr: zumeist 2

Gesang

Der Schauflug dient dem Markieren des Reviers und der Werbung um das Weibchen.

Von der eng verwandten Türkentaube (*Streptopelia decaocto*) lässt sich die Turteltaube am einfachsten durch die drei schwarzen Streifen unterscheiden. Diese sind von weißen Säumen umgeben und befinden sich beidseitig am Hals. Im Unterschied dazu besitzt die Türkentaube einen schwarzen Nackenstreifen, der ebenfalls durch einen weißen Saum umrandet wird.

Die sehr scheue Turteltaube verkörpert die kleinste Taubenart Mitteleuropas. Ihre Bestände zeigen in den letzten 20 Jahren eine stark rückläufige Tendenz, weshalb sie in Deutschland (aber leider nicht in zahlreichen anderen Ländern Europas) unter Schutz steht und nicht bejagt werden darf.

Als Lebensräume bevorzugen Turteltauben lichte unterholzreiche Mischwälder und krautreiche Säume. Außerdem trifft man sie gelegentlich in Feldgehölzen, Parks, größeren Hecken sowie an Gewässern, deren Ufer einen üppigen Strauchbewuchs aufweisen, an. Außerhalb der Brutzeit zeigen sich diese tag- und dämmerungsaktiven Vögel sehr gesellig und bilden nicht nur mit Artgenossen, sondern auch mit anderen Taubenarten Schwärme.

Turteltauben sind Zugvögel, die den Winter im tropischen Afrika verbringen. Von dort kehren sie Ende April/Anfang Mai in ihre europäischen Brutgebiete zurück. Die Männchen erscheinen ein paar Tage früher und besetzen Brutreviere. Sobald die Weibchen eintreffen, machen die Männchen durch gurrenden Gesang auf sich aufmerksam. Von Zeit zu Zeit starten sie auch Schauflüge, um den Weibchen noch mehr zu imponieren. Findet ein Weibchen die Laute und Flugschau eines Männchens attraktiv, gesellt es sich zu ihm. Letzteres balzt dann weiter mit Verbeugungen und Sträuben des Gefieders. Schließlich kommt es zur Kopulation. Danach zeigt der Tauber mehrere potenzielle Nistplätze, von denen die Täubin einen auswählt.

Das schalenförmig gebaute Nest sieht nach menschlichen Maßstäben relativ unordentlich aus. An dem Bebrüten des Geleges beteiligen sich beide Partner. Nachdem die Jungen geschlüpft sind, werden sie, genau wie bei den Ringeltauben (siehe dort), 7–8 Tage mit der elterlichen Kropfmilch ernährt. Danach stellen die Altvögel die Fütterung auf pflanzliche Kost um. Etwa am 30. Lebenstag werden die Jungen flügge. Sie ziehen, genau wie ihre Eltern, zwischen August und September in die afrikanischen Überwinterungsgebiete.

Uhu

Bubo bubo

Größe: Männchen 63 – 68 cm
Weibchen 67 – 75 cm

Familie: Eigentliche Eulen , Strigidae

Verbreitungsgebiet: Außer in Westeuropa, Großbritannien und Nordskandinavien kommt der Uhu in nahezu ganz Europa sowie in den gemäßigten Klimazonen Asiens und Nordafrikas vor.

Hauptnahrung: Säugetiere von Maus- bis Rehkitzgröße, Vögel, Lurche, Kriechtiere, Aas

Brutzeit: März – April

Brutdauer in Tagen: 35

Eier pro Gelege: 2 – 4

Bruten pro Jahr: 1

Gesang

1960 gab es in Deutschland nur noch rund 40 Brutpaare. Bis zur Gegenwart hat sich der Bestand wieder etwas erholt und umfasst etwa 2500 Paare. Das ist ein bedeutender Erfolg des Naturschutzes. Um den Bestand des Uhus noch weiter zu regenerieren, steht diese Eule unter strengem Schutz.

Der Populärname dieser Eule leitet sich von den Balzrufen ab, welche wie „buhu" beziehungsweise „uhuhuh-u-uhuhuhuhu" klingen. Lange Zeit wurde der Uhu auch „Huhu" genannt. Aber ab dem 16. Jahrhundert setzte sich immer mehr die Bezeichnung „Uhu" durch. Weitere regionale Namen, die inzwischen aber vielerorts wieder in Vergessenheit geraten sind, waren Jutzeule, Huw, Huher, Nachthuri und Adlereule.

Es ist vor allem ihr stattliches Erscheinungsbild, mit dem diese vorwiegend dämmerungs- und nachtaktive Eule die Menschen gegenwärtig beindruckt. Zu den ganz charakteristischen Merkmalen dieses Vogels gehören zweifelsfrei seine Federohren, bei denen es sich aber nur um Federbüschel ohne Hörfunktion handelt. Im Vergleich zur Waldohreule (*Asio otus*), die ein ähnliches Erscheinungsbild hat, ist der Uhu fast doppelt so groß und deutlich massiger.

Hat sich ein Uhupaar gefunden, bleibt es zeitlebens in einer monogamen Dauerehe zusammen. Als Nistplätze bevorzugen diese Vögel große Nischen und Höhlungen in Felswänden. Dagegen werden alte Horste von Habichten und Mäusebussarden seltener als Brutstätten genutzt. In Gebieten, in denen weder Felswände noch genügend ausgediente Greifvogelhorste vorhanden sind, legen die Uhus ihre Eier auch in flachen Mulden am Boden ab. Bemerkenswerterweise werden jene Brutplätze, die sich in Felswänden

Der Altvogel wacht tagsüber neben dem halbwüchsigen Jungen.

befinden, oftmals innerhalb der Familie an die nachfolgende Uhugeneration „vererbt".

Generell ist das Weibchen für das Brutgeschäft zuständig, während die Nahrungsbeschaffung für die Partnerin und später auch für die Nestlinge dem Männchen obliegt. Um an die Nahrung zu gelangen, praktizieren Uhus sowohl die Ansitz- als auch die Suchjagd. Letztere erfolgt im lautlosen Gleitflug in geringer Höhe über dem Erdboden.

Wird während eines solchen Fluges ein Vogel erspäht, der eine lohnende Beute darstellt, können Uhus sehr schnell auf hohe Geschwindigkeiten „umschalten". Dadurch gelingt es ihnen sogar, kranke und altersschwache Rabenvögel und Tauben einzuholen, die ihrerseits nicht gerade zu den „Langsamfliegern" zählen. Allerdings haben sich Uhus nicht auf derartige Verfolgungsjagden spezialisiert. Im Gegenteil, sie konzentrieren sich vorwiegend darauf, Vögel im Schlaf zu überraschen, welche dann eine leichte Beute darstellen.

Uhus können aber nicht nur beim Fliegen, sondern auch am Boden eine beachtliche Geschwindigkeit entwickeln. So sind sie beispielsweise in der Lage, zu Fuß eine flüchtende Maus einzuholen.

Des Weiteren sind diese Eulen fähig, bis zu zwei Drittel ihres eigenen Körpergewichtes, welches 2,5–4 kg beträgt, fliegend davonzuschleppen. Geschlagene Beutetiere, die mehr wiegen, werden grob zerteilt. Anschließend begeben sich die Uhus mit den einzelnen Stücken zu ihrem Fressplatz oder bringen dieses als Futter zu den Jungen.

Wie die meisten Eulen zeigen auch Uhus ein ausgeprägtes Komfortverhalten. Während eines Regenschauers fliegen sie gern zum Erdboden, um dort eine Dusche zu nehmen. Dabei plustern sie ihr Gefieder auf und breiten die Flügel fächerartig aus. Als eine Art „Antiparasitenpuder" werfen Uhus während dieser Duschbäder feinen Sand und/oder Staub mittels ihrer Flügel in die Rücken- und Nackenregion.

Uhunestlinge wehren einen Störenfried mit Gefiedersträuben, Fauchen und Schnabelknappen ab.

Die Wacholderdrossel stellt mit ihrer Kombination aus grau, braun, weiß und schwarz die anderen Drosseln in den Schatten.

Wacholderdrossel

Turdus pilaris

Größe: 25,5 cm

Familie: Drosseln, Turdidae

Verbreitungsgebiet: Von Skandinavien (einschließlich Island) und Großbritannien über Mitteleuropa und Nordrussland bis nach Sibirien zum Oberlauf des Amur.

Hauptnahrung: Würmer, Insekten und Obst (darunter viele Beeren)

Brutzeit: April – Juni

Brutdauer in Tagen: 10 – 13

Eier pro Gelege: 5 – 6

Bruten pro Jahr: 1 – 2

Fluggesang

Von der Sing- (*Turdus philomelos*) und der Misteldrossel (*Turdus viscivorus*) lässt sich die Wacholderdrossel recht gut anhand ihres Kopfgefieders unterscheiden. Dieses zeigt statt der braunen eine schiefergraue Färbung. Außerdem sind die Schwanzfedern der Wacholderdrosseln nicht braun, sondern schwarz. Dadurch vermitteln die Wacholderdrosseln dem Betrachter einen farbenprächtigeren Eindruck als die Sing- und Misteldrosseln.

Bis etwa 1930 wurden Wacholderdrosseln auch in Deutschland in großen Stückzahlen gejagt und kamen unter der Bezeichnung „Krammetsvögel" in den Nahrungsmittelhandel. „Krammet auch Krenewitt" war die alte Bezeichnung für den Wacholderstrauch. In Abwandlungen davon nannte man früher die Wacholderdrosseln außer Krammetsvögeln auch Kramtsvögel. Eine weitere alte Bezeichnung lautete „Krummetvögel". „Krummet" hatte allerdings nichts mit dem Wacholder zu tun, sondern bedeutete „kurze Wiese". Diese Bezeichnung leitete sich von der Vorliebe der Wacholderdrossel ab, auf frisch gemähten Wiesen nach Regenwürmern zu suchen.

Außer Waldrändern von lichten Mischwäldern wählen Wacholderdrosseln auch oft Parks, Streuobstwiesen und Ufergehölz als Lebensräume aus. In diesen Biotopen brüten diese Drosseln entweder paarweise oder in kleinen Kolonien. Letztere haben den Vorteil, dass sich die Wacholderdrosseln besser gegen Nesträuber, vor allem gegen Krähen und Elstern, wehren können. Dabei zeigen die Wacholderdrosseln eine sehr bemerkenswerte Verteidigungsstrategie, indem sie über die Räuber fliegen und diese mit reichlich Kot vollspritzen. Dadurch verklebt deren Gefieder, sodass sie zeitweilig nicht mehr oder zumindest nur noch eingeschränkt flugtauglich sind. Die Nester befinden sich zumeist in den Astgabeln hoher Bäume. Der Nestbau ist Sache des Weibchens. Es wird zwar beim Einsammeln von Nistmaterial des Öfteren vom Männchen begleitet, aber sobald die Vögel zum Nistbereich zurückkehren, beobachtet das Männchen nur das Weibchen beim Einbauen des Materials. Dieses besteht hauptsächlich aus trockenen Gräsern und dünnen Zweigen.

Die Bebrütung des Geleges ist ebenfalls alleinige Aufgabe des Weibchens, welches auch die Jungen in der ersten Woche nach dem Schlüpfen häufig hudert. Beide Altvögel schaffen Futter für den Nachwuchs heran. Dieser verlässt nach 14 Tagen das Nest und wird anschließend weitere 10–14 Tage mit Nahrung versorgt.

Wacholderdrosseln überwintern häufig bei uns und ernähren sich dann gern von Fallobst.

Im Gegensatz zum Gartenbaumläufer verfügt der Waldbaumläufer über einen relativ kurzen Schnabel und eine lange Hinterkralle am Fuß.

Waldbaumläufer

Certhia familiaris

Größe: 12 – 13 cm

Familie: Baumläufer, Certhiidae

Verbreitungsgebiet: Vom Süden Großbritanniens und Norden Spaniens erstreckt sich das lückenhafte Verbreitungsgebiet (einschließlich Südskandinavien) über große Teile Europas und der gemäßigten Klimaregionen Asiens bis nach Nord- und Mittelamerika.

Hauptnahrung: Insekten und deren Larven sowie Spinnen, Flechten und kleine Samen

Brutzeit: April – Juli

Brutdauer in Tagen: 14 – 15

Eier pro Gelege: 5 – 8

Bruten pro Jahr: 2

Gesang

Der Waldbaumläufer besitzt mit dem Gartenbaumläufer (*Certhia brachydactyla*) einen der perfektesten Doppelgänger in der Vogelwelt. Der Gartenbaumläufer hat zwar einen längeren Schnabel und an seinen Füßen kürzere Hinterkrallen, aber diese Merkmale sind bei Beobachtungen in der freien Natur kaum hilfreich. Eine Identifizierung beider Arten in freier Natur ist fast nur anhand der Rufe sowie des Gesanges möglich. Die Rufe des Waldbaumläufers, die sich wie ein heiseres „srihih" anhören, ertönen seltener als die des Gartenbaumläufers. Dessen Rufe klingen wie ein zartes „tit" oder „tüt". Waldbaumläufer leben vorwiegend in Nadel- sowie Mischwäldern und seltener in Laub- und Auenwäldern. Obwohl Waldbaumläufer gut fliegen können, verbringen sie die meiste Zeit ihres Lebens, in der sie nicht schlafen, kletternd. Wenn sie spiralartig um die Bäume „herumflitzen", erinnert ihre Fortbewegungsweise an eine dahinhuschende Maus. Bei derartigen „Baumumrundungen" fungiert das kurze Schwanzgefieder als Stütze für den Körper. Im Unterschied zum Kleiber klettern jedoch weder der Wald- noch der Gartenbaumläufer jemals mit nach unten gerichtetem Kopf.

Bei ihren Klettertouren inspizieren die Waldbaumläufer sehr akribisch die Ritzen und Spalten in den Borken der Bäume nach Fressbarem. Dabei wird oftmals die weißliche Kehle als eine Art sonnenlichtreflektierender „Spiegel" eingesetzt.

Die in Mitteleuropa heimischen Exemplare finden auch im Winter ausreichend tierische Nahrung, die es ihnen erlaubt, ganzjährig im Brutrevier zu verweilen. Dagegen ziehen die Waldbaumläufer aus Südskandinavien im Spätherbst oftmals in klimatisch etwas gemäßigtere Gefilde.

Als Niststätten dienen zumeist Spalträume hinter lockerer Borke oder Baumspalten, wo ein aus kleinen Zweigen, Gräsern, Moosen und Federn bestehendes Nest gebaut wird. Das Weibchen brütet allein, aber an der Fütterung der Nestlinge beteiligen sich beide Altvögel. Nach 14 – 16 Tagen verlassen die Jungen das Nest. Sie begeben sich mit den Eltern auf Nahrungssuche, von denen die jungen Waldbaumläufer noch zusätzliches Futter zugesteckt bekommen.

Der Waldbaumläufer klettert wie ein Specht mit zugespitztem Stützschwanz den Baum hinauf.

In ihrer Höhle lassen sich Waldkäuze gern tagsüber von der Sonne bescheinen.

Waldkauz

Strix aluco

Größe: 39 – 40 cm

Familie: Eigentliche Eulen, Strigidae

Verbreitungsgebiet: Außer in Mittel- und Nordskandinavien sind Waldkäuze vom restlichen Europa bis Westsibirien und Nordpakistan sowie bis Nordafrika verbreitet.

Hauptnahrung: Wühlmäuse und Echte Mäuse sowie sonstige Säuger (darunter auch Ratten) bis Jungkaninchengröße, Vögel bis Hähergröße, Spitzmäuse, Lurche, Fische. Große Insekten und Regenwürmer werden zumeist nur in nahrungsknappen Zeiten gefressen.

Brutzeit: Februar – April

Brutdauer in Tagen: 28

Eier pro Gelege: 4 – 5

Bruten pro Jahr: 1

Gesang, Rufe

Im Mittelalter beeinflussten vielerorts Aberglauben, Hexenwahn, Unwissenheit und dogmatische religiöse Einflüsse das Leben der Menschen. Verbunden mit der Urangst des Menschen vor der Dunkelheit trugen diese Einflüsse dazu bei, dass Eulen und Käuze als Sendboten des Bösen, Dämonen der Nacht sowie als Begleitvögel von Hexen und Zauberern angesehen wurden. Dadurch erhielten sie ein Negativimage, welches dazu führte, dass diese Vögel mit einem Bann belegt und fortan gnadenlos verfolgt beziehungsweise getötet wurden. In ganz besonderem Maße traf das auf den Stein- (*Athene noctua*) und Waldkauz zu, deren „Kuitt-" beziehungsweise „Kuwitt"-Rufe zu einem „Komm mit (auf den Friedhof)" gedeutet wurden. Derartige abergläubische Vorstellungen erhielten zusätzlichen Nährboden, weil Waldkäuze oft dort erschienen, wo ein Mensch im Sterben lag. In den meisten Fällen hatten aber die Verwandten der Sterbenden den Waldkauz unbewusst angelockt, weil es damals üblich war, eine brennende Kerze ins Fenster zu stellen. Deren Licht übte eine nahezu magische Anziehungskraft auf die Käuze aus – die dann vor allem in mondhellen Nächten ihre Rufe überdurchschnittlich häufig ertönen ließen.

Vom Waldkauz existieren drei Farbvarietäten, bei denen es sich jedoch um keine Unterarten handelt. Die Gefiederfärbung dieser Varietäten ist entweder braun, rotbraun oder grau, wobei die letztgenannte in Mitteleuropa am seltensten vorkommt. Im Vergleich zu Schleier- (*Tyto alba*) und Waldohreule (*Asio otus*) hat der Waldkauz eine etwas kräftigere Statur. Dieser dämmerungs- und nachtaktive Vogel weicht nur selten von seinem Tagesrhythmus ab, beispielsweise wenn es ihm nicht gelingt, während der Jungenaufzucht genügend Futter in den Nachtstunden heranzuschaffen. Unter derartigen Bedingungen jagen Waldkäuze auch teilweise am Tag.

Beim Waldkauz handelt es sich um eine sehr reviertreue Art, die in monogamer Dauerehe lebt. Vor allem das Männchen reagiert äußerst aggressiv, wenn sich während der Fortpflanzungsphase ein Artgenosse im Revier blicken lässt. Dieser wird sofort mit Schnabelhieben und Krallenschlägen attackiert.

Besonders gern brüten Waldkäuze in Baumhöhlen oder Eulennistkästen. Gelegentlich begnügen sie sich aber auch mit verlassenen Krähennestern und Greifvogelhorsten oder es wird ein „ruhiges Plätzchen" auf Dachböden, in Kirchtürmen, Ruinen oder Scheunen gesucht. Nicht selten beziehen die Waldkäuze den vorjährigen Nistplatz erneut. Nach kauztypischer Manier brütet nur das Weibchen, welches während dieser Zeit vom Männchen mit Futter versorgt wird. Nach dem Schlüpfen der Jungen erfolgen das Hudern und Füttern ebenfalls durch das Weibchen. Ab der 5.–6. Lebenswoche beginnen die Jungen, ihre Umwelt aktiv zu erkunden. Dabei verlassen sie des Öfteren den Nistplatz. Bei derartigen Ausflügen fallen sie gelegentlich zur Erde. Wenn man einmal einen solchen kleinen Kauz bemerkt, sollte dieser trotz aller guten Absichten keinesfalls berührt oder mitgenommen werden. Die Altvögel haben in derartigen Situationen das „gefallene Kind" zumeist schon fest im Blick und der kleine Racker ist normalerweise selbst in der Lage, mithilfe seines Schnabels und der Krallen wieder zum Nest/zur Bruthöhle hinaufzuklettern. Will man ihm dabei eine „Hilfestellung“ geben, sehen das die Altvögel nicht als gut gemeinte Geste für den

kleinen Kauz an, sondern sie vermuten in dem Menschen einen potenziellen Raubfeind. Dieser wird dann ohne jegliche Vorwarnung attackiert, wobei die Eulen durchaus in der Lage sind, auch einem Menschen recht schmerzhafte oder gefährliche Verletzungen beizubringen.

Wenn sie nicht mit ihrem Nachwuchs beschäftigt sind, verbringen Waldkäuze die hellen Tagstunden zumeist in einer Schlafhöhle oder sie ziehen sich in die oberen Bereiche eines Nadel- oder dicht beblätterten Laubbaumes zurück.

Als Jagdmethode bevorzugen die Waldkäuze die Ansitzjagd. Derartige Ansitze befinden sich oft in den beutereichsten Arealen des jeweiligen Waldkauzreviers. Ab und zu wird jedoch die Ansitzjagd unterbrochen, um im Suchflug herumzustreifen. Dieser Suchflug dient sehr wahrscheinlich nicht nur zum Aufspüren von Beutetieren, sondern erweist sich gleichzeitig als ein Patrouillieren. Dabei wollen sich die Käuze vergewissern, ob in ihrem Revier alles in geordneten Bahnen verläuft.

Waldkäuze sind Spezialisten für Großhöhlen in alten Bäumen.

Nach seinem schwirrenden Gesang wird er auch Waldschwirrvogel genannt.

Waldlaubsänger

Phylloscopus sibilatrix

Größe: 12 – 13 cm

Familie: Laubsängerartige, Phylloscopidae

Verbreitungsgebiet: In Großbritannien und Frankreich beginnend, erstreckt sich das sommerliche Brutgebiet über Mitteleuropa und bis nach Zentralskandinavien und Westsibirien.

Hauptnahrung: Spinnen sowie Insekten und deren Larven. Ergänzend werden gelegentlich Beeren und junge Knospen gefressen.

Brutzeit: Mai – Juni

Brutdauer in Tagen: 12 – 14

Eier pro Gelege: 6 – 7

Bruten pro Jahr: 1

Gesang

Dieser Vogel repräsentiert die größte in Mitteleuropa heimische Laubsängerart.
Von seinen nahen Verwandten, dem Fitis (*Phylloscopus trochilus*) sowie vom Zilpzalp (*Phylloscopus collybita*) unterscheidet er sich vor allem durch seine wesentlich intensiver gelb gefärbte Gesichts- und Kehlregion und den weißen Bauch. Waldlaubsänger bewohnen primär lichte Laub- und Mischwälder, welche zumindest eine locker eingestreute Unterholz- und Krautschicht aufweisen. Gelegentlich kommen sie auch in Parkanlagen vor, die einen größeren Bestand an Altbäumen aufweisen. Gärten werden normalerweise nur sporadisch angeflogen, um dort Nahrung zu suchen.

Im April kehrt der Waldlaubsänger aus seinen im tropischen Afrika befindlichen Überwinterungsgebieten nach Europa zurück, wo er bis Ende August/Anfang September bleibt. Wie auch die anderen in Mitteleuropa heimischen Laubsänger besetzen die Männchen Reviere, die sie gegen Nebenbuhler verteidigen. Später beteiligt sich auch das Weibchen an der Verteidigung des Reviers. Allerdings nimmt dessen Verteidigungsbereitschaft immer stärker ab, je älter der Nachwuchs ist. Mit Ausnahme des Kuckucks, der energisch attackiert wird, dulden die Waldlaubsänger artfremde Vögel in ihrem Revier.

Männliche Waldlaubsänger führen entweder eine monogame Saisonehe oder besetzen ein Zweitrevier, in dem sie sich mit einem weiteren Weibchen paaren. Ganz nach Laubsängermanier ist der Bau des am Boden befindlichen Backofennestes, welches ein seitliches Einflugloch besitzt, Aufgabe des Weibchens. Oftmals wird das Nest in dichtem Falllaub oder zwischen oberirdischen Baumwurzeln platziert. Als Baumaterialien dienen vor allem Gras und Laub. Der Innere Bereich wird mit feinen Federn ausgepolstert. Das Bebrüten des Geleges erfolgt ebenfalls nur durch das Weibchen. An der Fütterung und der Entsorgung des Kotes der Nestlinge beteiligen sich beide Eltern. Etwa 13 Tagen nach dem Schlupf verlassen die Küken das Nest. Sie verbleiben danach bis zu vier Wochen in der Nähe der Eltern und werden anfangs noch gefüttert. Nachdem sie die Eltern verlassen haben, schließen sich die jungen Waldlaubensänger fast immer mit gleichaltrigen Artgenossen zu kleinen Schwärmen zusammen, um gemeinsam herumzustreifen.

Überaugenstreif und Kehle des Waldlaubsängers sind intensiv gelb gefärbt.

Jungvögel (Ästlinge)

Waldohreule

Asio otus

Größe: Männchen 33 – 34 cm
Weibchen 35 – 37 cm

Familie: Eigentliche Eulen, Strigidae

Verbreitungsgebiet: Waldohreulen sind von Irland über Europa und die gemäßigten Klimazonen Asiens bis Nordamerika verbreitet. Außerdem ist diese Art in Teilen Nordafrikas beheimatet.

Hauptnahrung: Wühl- und Echte Mäuse, kleine Singvögel, größere Insekten, Würmer

Brutzeit: März – April

Brutdauer in Tagen: 28

Eier pro Gelege: 3 – 4, im Extremfall bis 8

Bruten pro Jahr: 1

Gesang

Werden nur die Gefiederfärbung sowie die Größe betrachtet, kann man die Waldohreule mit der Sumpfohreule (*Asio flammeus*) verwechseln. Der auffälligste Unterschied zwischen beiden Arten besteht in den deutlich größeren Federohren der Waldohreule. Genau wie beim Uhu haben auch diese Federohren keine Hörfunktion.

Waldohreulen führen eine monogame Saisonehe. Manchmal finden sich die Paare bereits im Winter zu einer Schlafgemeinschaft zusammen. Männchen, die keine solche „Winterpartnerin" gefunden haben, beginnen, sich im zeitigen Frühjahr intensiv um ein Weibchen zu bemühen. Dieses versuchen sie mit Gesang in ihr Revier zu locken. Im Unterschied zu den meisten anderen heimischen Eulenarten zeigen Waldohreulen dabei jedoch kein stark ausgeprägtes Territorialverhalten. Vielmehr kommt es des Öfteren vor, dass mehrere Paare auf relativ engem Raum brüten. Unter solchen Bedingungen sehen die Waldohreulen lediglich die unmittelbare Nähe des Nistplatzes als Revier an. Ein derartiges „Minirevier" zeigen sie dann ihren Artgenossen durch Gesang und Imponierflüge an. Bei diesen Imponierflügen präsentieren sich die Waldohreulen nicht nur optisch, sondern sie geben gleichzeitig auch akustische Signale ab, indem in mehr oder weniger langen Intervallen die Flügel unter dem Körper zusammengeklatscht werden.

Als Brutstätten bevorzugen Waldohreulen verlassene Horste oder Nester von Greif- und Rabenvögeln. Des Weiteren werden gelegentlich alte Kobel (Eichhörnchennester) von Eichhörnchen als Niststätten genutzt. Dagegen erfolgen Bodenbruten nur in Ausnahmefällen.

Das Erbrüten des Geleges sowie die anfängliche Betreuung der Jungen erfolgen durch das Weibchen, während das Männchen die Nahrung heranträgt. Aus dieser reißt das Weibchen schnabelgerechte Stücke heraus, um sie anschließend an die Jungen zu verfüttern. Im Alter von etwa 3 Wochen erreichen die Jungen ihr Ästlingstadium. Sie turnen dann häufig

Wie alle Eulen vermag auch die Waldohreule ihren Kopf in alle Richtungen zu drehen.

Die Federohren haben nichts mit dem Hören zu tun, sondern zeigen die Stimmung der Eulen an. Das linke Auge wird von der Nickhaut bedeckt.

zwischen den Zweigen und Ästen herum und zeigen einen immer größeren Appetit. Dieser wird bald darauf so stark, dass es der Vater nicht mehr allein schafft, die Familie mit ausreichend Nahrung zu versorgen. Dann beginnt auch das Weibchen, sich an der Nahrungsbeschaffung zu beteiligen. Nach weiteren zwei Wochen starten die Jungen erste Flugversuche. Allerdings verlassen sie zu diesem Zeitpunkt noch nicht die elterliche Obhut, sondern halten sich weiterhin in der Nähe des Nestes auf und werden von den Eltern während der nächsten 5 – 6 Wochen weiter mit Nahrung versorgt.

Normalerweise jagen Waldohreulen nur in den Dämmerungs- und Nachtstunden. Lediglich in strengen Wintern, wenn sich das Nahrungsangebot deutlich verknappt, unternehmen sie auch während der hellen Tagstunden Jagdflüge.

Vor dem Aufbruch zur Jagd wird das Gefieder ausgiebig geputzt. Anschließend führen die Waldohreulen Suchflüge, Ansitzjagden oder „jagdliche Spaziergänge beziehungsweise Kletterpartien" durch. Beim Suchflug streichen Waldohreulen oft lautlos dicht über den Boden hinweg, um so möglichst erst spät oder gar nicht von ihren Beutetieren bemerkt zu werden. Die Beutetiere werden bei diesen Flügen sowohl visuell als auch akustisch geortet.

Während der Ansitzjagd hocken die Eulen auf einer erhöhten Warte und lauschen auf verräterische Geräusche, welche die Beutetiere verursachen. Wenn nach kräftigen Regenfällen die Regenwürmer an die Erdoberfläche kriechen, begeben sich die Waldohreulen des Öfteren zum Boden und sammeln diese zu Fuß ein. Außerdem sind auch regelrechte Kletterpartien von den Waldohreulen bekannt, bei denen sie sich geschickt von Ast zu Ast bewegen, um größere Insekten, allen voran Käfer, zu suchen.

Die meiste Zeit des Tages ruhen die Waldohreulen, wobei sie sich häufig dicht an den Stamm eines Baumes schmiegen und dabei nicht selten optisch eins mit der Borke werden.

Im Winter erhalten die mitteleuropäischen Waldohreulen Besuch von den Artgenossen aus den nördlicheren Gefilden. Diese ziehen in ihre Brutgebiete zurück, sobald sich die kalte Jahreszeit dem Ende zuneigt. Gelegentlich formieren sich die Waldohreulen dann auch zu größeren Gruppen, um anschließend friedlich nebeneinander auf hohen Bäumen zu rasten.

Wenn die Waldschnepfe sich auf den Boden drückt, kann man sie leicht übersehen.

Waldschnepfe

Scolopax rusticola

Größe: 34 – 38 cm

Familie: Schnepfenvögel, Scolopacidae

Verbreitungsgebiet: Waldschnepfen sind von Großbritannien und Frankreich über ganz Europa (mit Ausnahme Nordskandinaviens) und die gemäßigten Klimaregionen Asiens bis einschließlich Japan heimisch.

Hauptnahrung: In der wärmeren Jahreszeit werden zu 80 % Regenwürmer gefressen, des Weiteren Spinnen, Insekten und deren Larven. Im Winter werden viele pflanzliche Komponenten wie Beeren, Früchte und Fichtennadeln aufgenommen.

Brutzeit: März – Juli

Brutdauer in Tagen: 20 – 21

Eier pro Gelege: 3 – 5, zumeist aber 4

Bruten pro Jahr: 2, seltener nur 1

Fluggesang

Beim Hören des Begriffs „Schnepfen" denken die meisten Menschen zuerst an Vögel, die offenes Gelände bewohnen und/oder eine etwas stärker an Wasser gebundene Lebensweise führen. Eine Ausnahme verkörpert die Waldschnepfe, die nicht die Uferbereiche von Gewässern, sondern lediglich feuchte Laub- und Misch- sowie Auenwälder besiedelt, welche eine reichhaltige Strauch- und Krautvegetation aufweisen.

Bei der einzelgängerisch lebenden Waldschnepfe handelt es sich um einen sehr scheuen Vogel, der erst in der Dämmerung aktiv wird. Tagsüber hält sie sich weitgehend unbeweglich in der am Boden befindlichen Falllaubschicht auf. Dabei erweist sich ihr grau, rostrot und braun gesprenkeltes Rücken- sowie Flügelgefieder als ein hervorragendes Tarnkleid, das mit der Umgebung nahezu perfekt verschmilzt. Das markanteste Körpermerkmal ist zweifelsfrei der überdimensioniert wirkende Schnabel. Dieser stellt ein empfindliches Körperteil dar, welches sich nicht nur durch große Tast-, Geruchs- und Geschmacksfähigkeit auszeichnet, sondern an der Spitze sogar im Boden geöffnet werden kann.

Mit dem Einsetzen der Paarungszeit fliegen die balzenden Männchen sowohl morgens als auch abends regelmäßig revierähnliche Bereiche ab. Dieser Balzflug wird auch als Schnepfenstrich bezeichnet. Gleichzeitig geben die Männchen Lockrufe, die von den Weibchen beantwortet werden. An den Balzflug schließt sich eine Bodenbalz an, die ihren Höhepunkt

Mit dem langen Stocherschnabel kann der Vogel Beute im Boden aufspüren.

in der Kopulation findet. Danach kümmert sich das Männchen weder um das Weibchen noch später um seinen Nachwuchs.

Das Weibchen zieht sich zu seinem Nest zurück, welches sich in einer mit Laub ausgekleideten Bodenmulde befindet, und beginnt mit dem Brüten.

Bei den Schnepfenküken handelt es sich um Nestflüchter, die bereits nach 20 Tagen flugfähig sind. In der Literatur findet man häufig den Hinweis darauf, dass Waldschnepfen bei Gefahr ihre Küken zwischen Bauch und Beinen einklemmen und anschließend mit ihnen bis zu 100 m weit wegfliegen. Allerdings gibt es für dieses Verhalten bisher kaum eindeutig dokumentierte Beweise.

Die meisten Waldschnepfen sind Zugvögel, welche die Wintermonate im Mittelmeerraum oder in der Nähe der westeuropäischen Atlantikküste verbringen.

Waldwasserläufer

Tringa ochropus

Größe: 21 – 24 cm

Familie: Schnepfenvögel, Scolopacidae

Verbreitungsgebiet: Von Nord- und Mitteldeutschland und Südskandinavien werden die gemäßigten Klimaregionen bis nach Ostsibirien besiedelt. Interessant ist in diesem Zusammenhang der „Vormarsch", den der Waldwasserläufer in den vergangenen 70 Jahren absolvierte. Noch bis 1950 lag sein westlichstes Verbreitungsgebiet fast ausschließlich östlich der Oder, also auf dem Gebiet des heutigen Polens. Mittlerweile hat sich dieser Vogel bis nach Schleswig-Holstein, Niedersachsen und Süddänemark „vorgearbeitet". Außerdem gibt es Meldungen, dass einzelne Brutpaare in Österreich beobachtet wurden.

Hauptnahrung: Krebstiere, Insekten und kleine Fische

Brutzeit: März – Mitte Mai

Brutdauer in Tagen: 22 – 24

Eier pro Gelege: seltener 3 – zumeist 4

Bruten pro Jahr: 1

Gesang

Gegenüber dem fein gefleckten schwarzen Rücken ist die Unterseite des Waldwasserläufers rein weiß.

Zur Brutzeit fühlt sich der vorwiegend dämmerungsaktive Waldwasserläufer in Waldgebieten am wohlsten, welche versumpfte Bereiche, Moore, wasserführende Gräben, Bäche und sonstige Kleingewässer aufweisen. Außerhalb dieser Zeit trifft man ihn gelegentlich auch auf Viehweiden, auf wasserreichen Wiesen und an den Ufern von Kanälen an.

Der Waldwasserläufer ähnelt dem Bruchwasserläufer (*Tringa glareola*) der jedoch etwas kleiner und graziler gebaut ist. Außerdem hat der Rücken des Waldwasserläufers eine dunklere Färbung mit weniger Punkten und seine Flanken sind schneeweiß, während die des Buchwasserläufers schwach beige oder gefleckt erscheinen.

Waldwasserläufer führen eine monogame Saisonehe. Im Unterschied zu vielen anderen Vertretern aus der Ordnung der Regenpfeiferartigen (*Charadriiformes*) brüten sie aber nur äußerst selten am Boden. Vielmehr ziehen sie es vor, verlassene Nester von Ringeltauben *(Columba palumbus)*, Drosseln *(Turdidae)*, und Eichelhähern *(Garrulus glandarius)* oder alte Eichhörnchenkobel zu nutzen. Sind solche nicht vorhanden, wird ersatzweise auch eine Baumhöhle als Brutstätte angenommen. An der Bebrütung des Geleges beteiligen sich beide Elternvögel, wobei das Männchen ausschließlich nachts auf den Eiern sitzt. Als Nestflüchter sind die Küken bereits 1–3 Stunden nach dem Schlüpfen in der Lage, das Nest zu verlassen. Zumeist geschieht dieses endgültige Verlassen jedoch erst nach einem Tag, wobei die Altvögel die Jungen durch Rufe animieren, den Sprung aus dem Nest in die Tiefe zu wagen. Anschließend verbleiben sie noch rund einem Monat in der elterlichen Obhut.

Die meisten Waldwasserläufer verharren nicht ganzjährig in ihren Brutgebieten, sondern überwintern entweder im atlantischen Westeuropa, im Mittelmeerraum, in Vorderasien, im tropischen Afrika, beziehungsweise in Südasien. Eine geringe Zahl dieser Vögel zieht allerdings nur bis nach Westdeutschland und in die Beneluxstaaten.

Obwohl sie im Wald brüten, sind sie für die Nahrungssuche ans Wasser gebunden.

Die Weidenmeise ist eine Zwillingsart zur Sumpfmeise, mit feinen optischen Unterschieden und ganz anderen Rufen und Gesängen.

Weidenmeise

Poecile montanus

Größe: 11,5 – 12 cm

Familie: Meisen, Paridae

Verbreitungsgebiet: Die Weidenmeise ist außer auf Island, der Iberischen Halbinsel, in Westfrankreich, dem Norden der Britischen Inseln und Teilen von Italien im gesamten restlichen Europa beheimatet, von wo aus sich das Verbreitungsareal über die gemäßigten Breiten Asiens bis nach Japan erstreckt.

Hauptnahrung: Insekten, deren Larven, Spinnen, Beeren und Samen

Brutzeit: Mai

Brutdauer in Tagen: 14

Eier pro Gelege: 8 – 10

Bruten pro Jahr: 1

Gesang

Die Weidenmeise wird auch als Grau- (die Populärbezeichnung ist auch für die Sumpfmeise nicht unüblich) oder Mönchsmeise bezeichnet. Sie ähnelt stark der Sumpfmeise (siehe dort) sowie der Trauermeise (*Poecile lugubris*). Letztere ist nicht nur 2 cm größer, sondern besitzt auch einen wesentlich größeren schwarzen Kehlfleck als die Weidenmeise. Falls eine Trauermeise in Mitteleuropa angetroffen wird, handelt es sich allerdings um einen Ausnahmegast, denn ihr Verbreitungsgebiet beginnt erst auf dem Balkan.

Je nördlicher die Weidenmeisen leben, desto stärker ist ihr Drang, kleine Winterfutterdepots anzulegen. Die einzelnen Individuen verstecken bevorzugt Samen von Nadelbäumen sowie erbeutete Insekten in Borkenritzen, Moospolstern und Flechten. Sobald im Winter das Futter knapp wird, bedienen sich die Weidenmeisen aus diesen Depots.

Außer in Erlenbrüchen, Auenlandschaften und Sümpfen mit umfangreichen Strauchdickichten leben diese Vögel auch in Mischwäldern. Dagegen siedeln sich diese als Kulturflüchter einzuordnenden Meisen nur in Ausnahmefällen in Parks, auf Friedhöfen oder gar in Gärten mit großen Baumbeständen an.

In Mitteleuropa verkörpert die Weidenmeise einen sehr reviertreuen Standvogel.

Die Populärbezeichnung „Weidenmeise“ basiert darauf, dass dieser Singvogel oftmals keine vorhandene Baumhöhle als Kinderstube wählt. Stattdessen meißelt er eine solche mit dem Schnabel in morsche Bäume, wofür häufig Weiden (*Salix spp.*) ausgewählt werden. An diesem „Höhle-meißeln“ beteiligen sich beide Partner, während der Bau des darin errichteten Nests alleinige Aufgabe des Weibchens ist.

Weidenmeisen leben normalerweise in einer monogamen Dauerehe zusammen. Manchmal finden zwar auch Trennungen von Paaren statt, aber dabei handelt es sich um Ausnahmen.

Das Weibchen brütet alleine. Es wird aber während dieser Zeit vom Männchen mit Nahrung versorgt. Nach dem Schlupf der Jungen beteiligen sich beide Eltern an der Fütterung. Zwischen dem 17. und 19. Lebenstag werden die Jungen flügge und verlassen das Nest. Die Eltern füttern sie danach aber noch zwei weitere Wochen.

Der dunkle Kehlfleck der Weidenmeise ist breiter als bei der Sumpfmeise und dehnt sich seitlich aus. Die Weidenmeise hat auch ein helles „Fenster“ im Armflügel, anders als die Sumpfmeise.

Wendehals

Jynx torquilla

Größe: 16,5 cm

Familie: Spechte, Picidae

Verbreitungsgebiet: Der Wendehals kommt in nahezu ganz Europa sowie den gemäßigten Klimaregionen Asiens bis einschließlich Japan vor. Außerdem besiedelt er das östliche China. In einigen Bereichen an der Nordküste Afrikas ist er ganzjährig anzutreffen.

Hauptnahrung: Insekten (darunter viele Ameisen sowie deren Larven und Blattläuse), des Weiteren Schmetterlingsraupen sowie Früchte und Beeren

Brutzeit: April – Mai

Brutdauer in Tagen: 12 – 14

Eier pro Gelege: 4 – 10

Bruten pro Jahr: 1

Gesang

Der tagaktive Wendehals verdankt seinen Populärnamen der Tatsache, dass er seinen Kopf bei Erregung sehr weit zum Rücken dreht. Bei den europäischen Populationen handelt es sich um Langstreckenzieher, die im August nach Äquatorialafrika wandern. Dagegen überwintern die jenseits des Urals lebenden Wendehälse in Südasien.

Als sehr vorteilhaft hat sich die graubraun gefleckte Gefiederfärbung des Wendehalses erwiesen, welche an die Borke eines alten Baumes erinnert. Dadurch ist dieser Vogel in vielen Lebenssituationen hervorragend getarnt.

Mit Vorliebe besiedelt der Wendehals offene und halboffene Landschaften, zu denen neben Parks, Streuobstwiesen und Gärten mit Altbaumbeständen auch lichte Laub-, Misch-, Nadel- und Auenwälder zählen. Dagegen werden geschlossene Wälder genauso gemieden wie baumlose Landschaften. Im Unterschied zu den Vertretern aus der Unterfamilie der Echten Spechte meißelt der Wendehals keine eigene Bruthöhle, sondern übernimmt entweder eine verlassene Specht- oder eine sonstige Baumhöhle. Falls letztere bereits durch eine andere, schwächere Vogelart besetzt ist, geht der Wendehals mitunter recht rapide zu Werke, wenn er die Insassen vertreibt. Dabei scheut er sich auch nicht, deren Eier beziehungsweise Jungvögel aus der Höhle zu werfen.

Anders als bei den Spechten bleibt bei den Wendehälsen auch im Winterquartier oft ein lockerer Paarzusammenhalt bestehen. Verstärkt durch die Tatsache, dass Wendehälse sehr brutreviertreu sind, ist nach der Rückkehr aus den Winterquartieren häufig zu beobachten, dass sich die vorjährigen Partner erneut paaren. Beide Partner beteiligen sich am Erbrüten der Eier sowie an der Futterbeschaffung für die Jungen. Diese begeben sich nach etwa 20 Tagen aus der Nisthöhle. Danach bleiben sie aber noch einige Zeit in deren Nähe, wobei die Fütterungsbereitschaft der Altvögel in den folgenden zwei Wochen allmählich erlischt. Anschließend verlassen die jungen Wendehälse das elterliche Revier zumeist schon in der Richtung, in der sie in die Überwinterungsgebiete fliegen werden.

Dieser Jungvogel ist kürzlich ausgeflogen.

Gelegentlich werden bei Wendehälsen sogenannte Supergelege gefunden, welche 20 oder mehr Eier enthalten. Diesbezüglich nehmen viele Wissenschaftler und Ornithologen an, dass es sich um Brutparasitismus innerhalb der Art handelt und neben dem brütenden Weibchen noch mindestens ein weiteres am Entstehen eines solchen Geleges beteiligt war. Vielleicht wurden auch mehrere Weibchen von einem Männchen begattet und dieser führt die Weibchen zum Ablegen der Eier in einer Bruthöhle zusammen. Dadurch müsste das Männchen nicht zwei Familien in (weit) auseinanderliegenden Bruthöhlen betreuen, wodurch es Zeit und Energie sparen würde.

Um seine Ameisennahrung zu finden, hält sich der Wendehals oft am Boden auf.

Die körpernahe schmale Bänderung und das breite Endband in den Flügel- und Schwanzfedern besagen, dass es sich um einen Altvogel handelt.

Wespenbussard

Pernis apivorus

Größe: 50 – 60 cm

Familie: Habichtartige, Accipitridae

Verbreitungsgebiet: Europa bis nach Mittelsibirien.

Hauptnahrung: Waben, Larven, Puppen und vollentwickelte Individuen von Wespen sowie Hummeln; gelegentlich andere Insekten, Würmer, Kirschen, Pflaumen, Beeren , in Ausnahmefällen kleine Vögel, Lurche, Kriechtiere und Kleinsäuger

Brutzeit: Ende April – Juni

Brutdauer in Tagen: 33 – 35

Eier pro Gelege: 2, selten 3

Bruten pro Jahr: 1

Rufe

Der Wespenbussard gehört zu den seltenen Arten, weshalb er auch unter Schutz steht. Man schätzt den Gesamtbestand in Deutschland auf 4300–6000 Brutpaare. Am wohlsten fühlen sich Wespenbussarde in Wäldern, die von zahlreichen Lichtungen durchzogen werden. Außerdem besiedeln sie des Öfteren großflächige Feldgehölze. Obwohl keine Verwandtschaft zu den Falken besteht, wird der Wespenbussard gelegentlich auch als Läuferfalke bezeichnet, weil er bei der Nahrungssuche häufig größere Strecken zu Fuß zurücklegt.

Wespenbussarde weisen eine ähnlich variable Gefiederfärbung wie Mäusebussarde auf, mit denen sie allerdings nur weitläufig verwandt sind. Im Unterschied zum Mäusebussard besitzt der Wespenbussard jedoch schmalere Flügel sowie einen schmaleren Schwanz. Deshalb wirkt sein Flugbild auch graziler als das des Mäusebussards. Außerdem halten Wespenbussarde ihre Flügel im Segelflug flach V-förmig, während Mäusebussarde diese eben ausbreiten. Letztlich besitzen alte Wespenbussarde zitronengelbe Augen. Eine derartige Augenfarbe ist beim Mäusebussard nie vorhanden. Stattdessen sehen dessen Augen hell- bis mittelbraun-glasig aus.

Als Anpassung an seine hoch spezialisierte Ernährungsweise verfügt der Wespenbussard über Scharrfüße mit schwach gekrümmten Zehen, welche sich hervorragend zum Ausgraben von im Erdreich befindlichen Wespen- und Hummelnestern eignen. Diese liegen bis 40 cm tief im Boden. Beim Ausgraben wird außer den Krallen auch der Schnabel intensiv mit eingesetzt. Damit die sich verteidigenden Insekten den Greifvogel nicht mit ihren Stichen erreichen können, wurde er von der Natur am Kopf sowie an der Schwanzwurzel mit einem extrem dichten Gefieder ausgestattet.

Um keine Stiche in die empfindlichen Augen zu riskieren, schließt sie der Wespenbussard beim Ausgraben der Wespen- und Hummelnester. Des Weiteren sind die Nasenöffnungen des Wespenbussards sehr schmal, sodass beim Graben im sandigen Boden kaum feine Bestandteile eindringen können.

Im Unterschied zu den meisten anderen Greifvögeln Mitteleuropas handelt es sich beim Wespenbussard um einen Zugvogel und zwar um einen Langstreckenzieher. Den Winter verbringt er im tropischen Afrika. Von dort kehrt er Ende April/Anfang Mai, zumeist von mehreren Artgenossen begleitet, in seine Brutgebiete zurück. Seine Zugaktivitäten finden ausschließlich in den hellen Tagesstunden statt, während die dunklen Nachtstunden zum Ruhen und Schlafen genutzt werden. In Europa angekommen, zerfallen

Wespenbussarde variieren stark in ihrer Färbung. Hier sieht man ein dunkles Individuum mit Querbänderung.

die „Reisegesellschaften" des Wespenbussards sehr schnell in einzelne Paare, die sich ein Brutrevier suchen und dieses fortan besetzt halten. In ihrem Revier beginnen diese Bussarde zumeist sofort mit dem Bau eines neuen Horstes, den sie in einem hohen, am Waldrand stehenden Baum errichten. Dagegen wird ein Horst aus dem Vorjahr nur in sehr seltenen Fällen erneut bezogen. Falls aber doch, bessern ihn die Bussarde zunächst gründlich aus. Bemerkenswert ist in diesem Zusammenhang, dass die Wespenbussarde – im Unterschied zu den meisten anderen Greifvögeln – reichlich belaubte Zweige in ihren Horst einbauen, wodurch dieser eine gute Tarnung erhält. Damit diese Tarnung erhalten bleibt, wird der Rand des Horstes bis zum Ausfliegen der Jungen immer wieder mit frischen belaubten Zweigen bestückt, von denen oft einige über den Rand hängen. Doch damit nicht genug. Während die Nestlinge anderer Greifvögel ihre Position „verraten", indem sie ihren Kot über den Rand des Horstes spritzen und dieser anschließend in Form weißer Flecke einige Zeit am Erdboden kleben bleibt, trifft das auf junge Wespenbussarde nicht zu. Sie setzen ihren Kot stets auf dem Rand des Horstes ab.

Beide Altvögel beteiligen sich an dem Ausbrüten des Geleges, wobei das Weibchen häufiger auf den Eiern sitzt. Die frischgeschlüpften Jungen werden in ihren ersten Lebenstagen ausschließlich mit den Larven und Puppen von Hummeln und Wespen ernährt. Später bringen ihnen die Eltern auch häufig kleine Wirbeltiere als Futter mit.

Zwischen Mitte und Ende August, spätestens jedoch Anfang September, verlassen die Wespenbussarde ihre Brutgebiete, um gen Afrika zu ziehen.

Jungvögel haben noch dunkle Augen.

In dieser Haltung ist der Wespenbussard kaum von anderen Greifvögeln zu unterscheiden.

Dem Wintergoldhähnchen fehlt der weiße Überaugenstreif des Sommergoldhähnchens.

Wintergoldhähnchen

Regulus regulus

Größe: 8,5 – 9 cm

Familie: Goldhähnchen, Reglidae

Verbreitungsgebiet: Außer großen Teilen der Iberischen Halbinsel und dem Norden Skandinaviens besiedelt das Wintergoldhähnchen das restliche Europa bis einschließlich der Adria sowie die Region zwischen Schwarzem und Kaspischem Meer. Östlich reicht sein Verbreitungsgebiet durch die Sibirische Taiga bis zum Fuß des Himalayas und nach Japan.

Hauptnahrung: Insekten und deren Larven, Würmer, Schnecken, Spinnen, im Winter auch zahlreiche Samen

Brutzeit: April – Juni

Brutdauer in Tagen: 15 – 16

Eier pro Gelege: 8 – 11

Bruten pro Jahr: 2

Gesang

Da das Scheitelgefieder des Wintergoldhähnchens im Unterschied zu dem des Sommergoldhähnchens (*Regulus ignicapilla*) keine gelborange, sondern eine leuchtend gelbe Färbung hat, wird dieser Vogel auch als Gelbköpfiges Goldhähnchen bezeichnet. Bis vor ein paar Jahrzehnten sah man das in Nord- und Mittelamerika verbreitete Goldkrönchen (*Regulus satrapa*) noch als Unterart des Wintergoldhähnchens an. Mittlerweile wurde diese Auffassung widerlegt und dieser Vogel erhielt einen eigenständigen Artstatus.

Wintergoldhähnchen leben vorwiegend in Fichten- und Tannenwäldern. Im Winter finden sie sich gelegentlich auch in Parks und Gärten ein.

Um zu überleben, müssen diese nur 5–6 g wiegenden Singvögel täglich eine Nahrungsmenge aufnehmen, die annähernd dem eigenen Körpergewicht entspricht.

Genistet wird zumeist an Zweigenden von 10–12 m hohen Tannen oder Fichten, wobei die Stelle so gewählt wird, dass das Nest anschließend kaum zu entdecken ist. Die Form und Aufhängung des Nestes sowie das verwendete Nistmaterial sind weitgehend mit dem des Sommergoldhähnchens identisch (siehe dort). Beide Partner beteiligen sich am Nestbau, wobei das Männchen vorwiegend für die Aufhängung und Außenschicht zuständig ist. Interessanterweise geben bei Störungen – und mögen diese noch so stark sein – weder Winter- noch Sommergoldhähnchen den Bau eines bereits begonnenen Nestes auf. Bemerkenswert ist außerdem, dass die Wintergold hähnchen oft in der Nähe eines Habichtshorstes brüten. Sie selbst sind dem Habicht als Beuteobjekte zu klein. Aber dafür stehen auf dessen Beuteliste viele Tiere, wie etwa Eichhörnchen und Eichelhäher (*Garrulus glandarius*), die zu den Feinden der Goldhähnchen gehören.

Das Gelege wird vom Weibchen bebrütet, wobei dieses nicht auf den Eiern festsitzt, sondern sich nach spätestens 20 Minuten auf Nahrungssuche begibt, um binnen 10 Minuten wieder ins Nest zurückzukehren. Bei dieser Nachsuche halten sich die Wintergoldhähnchen oft im Kronenbereich der Bäume auf und praktizieren einen kolibriähnlichen Schwirrflug, bei dem sie nach Insekten und Spinnen Ausschau halten.

Wintergoldhähnchen führen Schachtelbruten durch. Noch bevor die Nestlinge des ersten Geleges flügge werden, beginnt das Weibchen mit dem Legen des zweiten Geleges. Der Vater übernimmt dann die Versorgung der noch nicht flüggen Nestlinge.

Beindruckend ist auch die Art und Weise, wie Wintergoldhähnchen Bäder nehmen. Im Sommer begeben sie sich hierfür zwischen nasse Zweige, im Winter dient Schnee als „Badewanne“, wenn er auf Zweige fällt.

Wintergoldhähnchen sind typische Bewohner von Nadelbäumen.

Der Altvogel sammelt Insektenfutter für die Nestlinge.

Zaunkönig

Troglodytes troglodytes

Größe: 9,5 – 10 cm

Familie: Zaunkönige, Troglodytidae

Verbreitungsgebiet: Außer in Nordrussland und Teilen Skandinaviens ist der Zaunkönig in ganz Europa, Nordafrika, Vorder-, Zentral- und Ostasien sowie Nordamerika beheimatet.

Hauptnahrung: Am häufigsten Spinnen, Insekten, deren Larven und Eier. Außerdem fressen Zaunkönige gelegentlich ein paar Beeren auf und „fischen" an Gewässersäumen Kleinlebewesen.

Brutzeit: April – Juli

Brutdauer in Tagen: etwa 14 (in Ausnahmefällen bis 18)

Eier pro Gelege: 5 – 8

Bruten pro Jahr: 1 – 2

Gesang

Der Zaunkönig gehört nicht nur zu den häufigsten, sondern auch zu den kleinsten Vögeln Europas. In früheren Zeiten war für ihn die Bezeichnung „Schneekönig“ sehr gebräuchlich, da er auch im Winter unverdrossen seinen Gesang ertönen lässt. Das markanteste Merkmal dieses Vogels ist sein kurzer, schräg (manchmal fast senkrecht) nach oben gerichteter Schwanz.

Unverkennbar ist auch die Vorliebe des Zaunkönigs für unterholzreiche Wälder, wo er sich gern an Bächen und Wassergräben aufhält, die von dichten Gehölzsäumen umgeben sind. Außerdem hat sich dieser Vogel in Gärten sowie Parks und auf Friedhöfen angesiedelt, die dichte „Efeuteppiche“ aufweisen.

Zaunkönigsmännchen sind sehr aggressiv und dulden in ihrem Revier keinen Rivalen. Im Frühjahr bauen die Männchen mehrere kugelförmige oder ovale Backofennester, die ein seitliches Einflugloch aufweisen. Nachdem ein Nest fertig ist, lockt das Männchen mit seinem Gesang ein Weibchen an und verpaart sich mit diesem. Danach bezieht das Weibchen das Nest und das Männchen baut eines der anderen Nester fertig und versucht erneut, ein Weibchen anzulocken, mit dem es sich ebenfalls verpaart. Die brütenden Weibchen werden von dem Männchen nicht betreut und müssen sich deshalb selbst um Nahrung kümmern. Anfangs hilft der Vater nicht bei der Aufzucht seines Nachwuchses. Erst wenn ab dem achten Lebenstag die Bettelrufe der Jungen stärker werden, löst das beim Männchen ein abgeschwächtes Fürsorgeverhalten aus. Es beteiligt sich dann sporadisch an der Fütterung des Nachwuchses. Nach zwei bis zweieinhalb Wochen verlassen die Jungen das Nest. Sie werden dann vom Vater noch ein paar Tage geführt, aber nur selten gefüttert.

Zaunkönige bleiben zumeist ganzjährig in ihren Brutrevieren. Bei strengen Frösten kann es sogar passieren, dass die intraspezifische Aggressivität der Männchen kurzzeitig erlischt und sie sich mit ihren Nebenbuhlern in Baumhöhlen oder Nistkästen zu Schlafgesellschaften zusammenfinden. Sie verbringen dann die gesamte Nacht miteinander, um sich dabei gegenseitig zu wärmen und auf diese Weise Energie zu sparen.

Abschließend sei noch bemerkt, dass der Zaunkönig zu jenen Singvögeln gehört, die regelmäßig winzige Gewölle herauswürgen. Diese enthalten als unverdauliche Komponenten beispielsweise Bruchstücke aus Chitinpanzern von Insekten.

Den Jungvogel erkennt man am kurzen Schwanz und den hellen Schnabelwinkeln.

Als einer der kleinsten Vögel Europas wiegt er nicht mehr als neun Gramm.

Ein rastender Ziegenmelker gleicht einem morschen Stück Holz. Oft liegt der Vogel sogar längs auf einem Ast.

Ziegenmelker

Caprimulgus europaeus

Größe: 25 – 28 cm

Familie: Nachtschwalben, Caprimulgidae

Verbreitungsgebiet: Mit Ausnahme von Nordskandinavien in ganz Europa, den gemäßigten Regionen Asiens bis zum Baikalsee sowie bis Afghanistan verbreitet.

Hauptnahrung: Insekten, wobei Schmetterlinge und Käfer besonders häufig gefressen werden.

Brutzeit: Mai – Juli

Brutdauer in Tagen: 18

Eier pro Gelege: 2, nur ganz selten 3 oder 4

Bruten pro Jahr: 1 – 2

Gesang

Der Ziegenmelker wurde in der 2019 neu veröffentlichten „Artenliste der Vögel Europas" in Nachtschwalbe umbenannt. Um diesen Vogel ranken sich abergläubische Geschichten, die sich bis zu dem römischen Senator, Plinius der Ältere, zurückverfolgen lassen. Danach sollen Ziegenmelker nachts angeblich an die Euter von Ziegen und Schafen fliegen und diese teilweise aussaugen – was natürlich absoluter Unsinn ist.

Das Federkleid des dämmerungs- und nachtaktiven Ziegenmelkers ist so gefärbt, dass es ihm während der hellen Tagstunden eine perfekte Tarnung gibt. Es erinnert stark an die Borke eines alten Baumes und wenn der Ziegenmelker tagsüber zumeist längs auf einem Ast oder Zweig sitzt, „verschmilzt" er nahezu mit diesem. Markant sind auch der flache Kopf und der kurze, breite Schnabel, der an seinem Grund von Borsten umgeben ist. Die Beine sind ebenfalls sehr kurz, wobei die verlängerte Mittelzehe, die auch als Putzkralle bezeichnet wird, auffällig ist. Im Unterschied zu den Männchen fehlen dem Weibchen die weißen Flecken auf den Flügeln und dem Schwanz.

Ziegenmelker besiedeln außer lichten Nadel- sowie Mischwäldern und Mooren bevorzugt Kiefernheiden. Im Spätsommer ziehen sie nach Ost- und Südafrika, von wo sie Ende April zurückkehren. Die Männchen erscheinen etwa 10 Tage vor den Weibchen und besetzen Brutterritorien, welche anschließend energisch gegen Artgenossen verteidigt werden. Außerdem suchen die Männchen nach mehreren potenziellen Brutplätzen, die sie dem Weibchen während der Balz vorstellen. Letzteres wählt dann einen dieser Plätze aus, der sich stets am Boden befindet. Ein Nestbau erfolgt nicht. Stattdessen werden die Eier direkt am Boden abgelegt. Wichtig ist, dass die Brutstelle ebenfalls eine gute Tarnung bietet und das brütende Weibchen auch auf dem Gelege mit der Umgebung „verschmilzt". Bei Zweitbruten handelt es sich fast immer um Schachtelbruten, bei denen das Weibchen nach dem Erbrüten des ersten Geleges ein zweites ablegt. Die Betreuung der Küken des ersten Geleges wird dann in vollem Umfang von dem Vater übernommen.

Bei Störungen und potenziellen Gefahren verharren Ziegenmelker zumeist sehr lange regungslos. Erst wenn sich der Störenfried oder die Gefahrenquelle bis auf wenige Meter genähert hat, fliegt der Ziegelmelker auf, um sich aber schon nach 20 bis 40 Metern wieder niederzulassen. Bei diesem Auffliegen ertönen häufig Alarmrufe. Das Flügelklatschen ist ein Teil der Balz.

Der Zilpzalp ähnelt dem Fitis, trifft aber im Frühjahr vor ihm ein.

Zilpzalp

Phylloscopus collybita

Größe: 11 cm

Familie: Laubsängerartige, Phylloscopidae

Verbreitungsgebiet: Von Großbritannien und Frankreich über Mitteleuropa und Skandinavien (außer Island und einiger zentralskandinavischer Regionen) bis Nordostsibirien.

Hauptnahrung: Kleine Insekten, deren Larven sowie Spinnen. Asseln und Schnecken werden nur sehr selten gefressen. Im Frühling nehmen die Zilpzalpe auch Pollen und Nektar auf. Die Fütterung der Nestlinge erfolgt größtenteils mit Blattläusen.

Brutzeit: Mai – Juni

Brutdauer in Tagen: 13 – 14

Eier pro Gelege: 6 – 7

Bruten pro Jahr: 1

Gesang

Der Zilpzalp gehört nicht nur zu den zehn häufigsten Vögeln Deutschlands, sondern auch zu den in Mitteleuropa besonders oft anzutreffenden Arten. Ein weiterer, früher sehr gebräuchlicher Populärname für diesen bewegungsfreudigen Vogel lautet Weidenlaubsänger.

In seinem Erscheinungsbild ähnelt der Zilpzalp extrem dem Fitis (bezüglich der Unterscheidung, siehe dort).

Als Lebensräume werden Misch-, Nadel- und Auenwälder favorisiert, die dichte Strauch- und Krautschichten aufweisen. Darüber hinaus besiedelt der Zilpzalp Feldgehölze, Parks und größere Gärten. In Abhängigkeit von ihren Brutgebieten überwintern diese Vögel entweder entlang des Persischen Golfs, in den Anrainerstaaten des Mittelmeers, in größeren in der Sahara befindlichen Oasen und im ostafrikanischen Hochland. Von dort treffen diese Zilpzalpe im März in Mitteleuropa ein. Die Männchen erscheinen ein paar Tage früher als die Weibchen, um ein Revier zu besetzen.

Während manche Männchen monogam sind, paaren sich andere gleichzeitig mit zwei Weibchen. Letztere wählen nicht nur den Nistplatz aus, sondern bewältigen auch den anschließenden Nestbau allein. Das kugelförmige, mit einem seitlichen Einschlupfloch versehene Backofennest besteht vorwiegend aus weichen Pflanzenmaterialien sowie Federn im Inneren und befindet sich direkt am Boden oder kurz darüber. In der Regel wird es gut getarnt unter Brombeerruten, überhängenden Grasbüscheln, jungen Fichten oder Tannen, zwischen Brennnesseln oder ähnlichen Pflanzen platziert. Das Bebrüten des Geleges ist ebenfalls alleinige Aufgabe des Weibchens. Die Fütterung der Jungen, die nach 18–19 Tagen das Nest verlassen, erfolgt durch beide Eltern. Danach erhalten die jungen Zilpzalpe weitere 10–20 Tage Futter von ihren Eltern. Dieses wird zumeist in den mittleren und oberen Bereichen von Baumkronen erjagt. Dagegen begeben sich die Zilpzalpe nur in Ausnahmefällen zur Futtersuche in die Strauch- beziehungsweise Krautschicht und noch seltener auf den Erdboden.

Als Laubsänger hält er sich häufig in Baumkronen auf

Der Zilpzalp zeigt weniger gelbe Färbung als der Fitis, hat aber dunkle Beine.

Literatur

Barthel, Peter H. & Paschalis Dougalis (2019): Was fliegt denn da? Franckh Kosmos Verlag Stuttgart.

Bezzel, Einhard (1985): Vögel, Bd. 3. BLV Verlagsgesellschaft mbH München.

Creutz, Gerhard (1983): Greifvögel und Eulen. Urania-Verlag, Leipzig-Jena-Berlin.

Dallmann, Manfred (1987): Der Zaunkönig. A. Ziemsen-Verlag Wittenberg.

Floericke, Kurt (1935): Der deutsche Wald und seine Vögel. Franckh'sche Verlagsbuchhandlung Stuttgart.

Gutjahr, Axel (2017): Vögel zu Gast im Garten. Naumann & Göbel-Verlag Köln.

Gutjahr, Axel (2018): Singvögel erleben und schützen. Naumann & Göbel-Verlag Köln.

Gutjahr, Axel (2019): Eulen und Greifvögel. Anaconda-Verlag Köln.

Hecker, Kathrin & Frank Hecker (2012): Kosmos Vogelführer für unterwegs. Franckh Kosmos Verlag Stuttgart.

Jonsson, Lars (1977): Vögel in Wald, Park und Garten. Franckh Kosmos Verlag Stuttgart.

Kewe, Andras (1985): Der Buchfink. A. Ziemsen-Verlag Wittenberg.

Korn, Matthias & Simon Thorn (2010): Artenhilfskonzept für das Haselhuhn (*Tetrastes bonasia*) in Hessen. Gutachten im Auftrag der Staatlichen Vogelschutzwarte für Hessen, Rheinland-Pfalz und das Saarland.

Krägenow, Peter (1986): Der Eichelhäher. A. Ziemsen-Verlag Wittenberg.

Makatsch, Wolfgang (1987): Wir bestimmen die Vögel Europas. Neumann Verlag Leipzig-Radebeul.

Melde, Manfred (1984): Der Waldkauz. A. Ziemsen-Verlag Wittenberg.

Nachtigall, Werner (1986): Lebensräume. Mosaik-Verlag GmbH München.

Reichhof, Josef (1990): Wald. Mosaik-Verlag GmbH München.

Singer, Detlef (2008): Unsere Singvögel. Franckh Kosmos Verlag Stuttgart.

Stevenson, Terry & John Fanshawe (2008): Birds of East Africa. A&C Black Publisher Ltd. London.

Viering, Kerstin & Roland Knauer (2015): Eulen und Greifvögel Europas. Komet-Verlag Köln.

Bildnachweis

Bachmeier, G. 90 u., 103
Baer, F. 102 o.
Ebert, A. 24, 25 u., 61 o., 83, 89
Fahl, S. 144 u.
Ferdinand, J. 84, 90 o.
Grimm, M. 34, 91, 143
Gutjahr, C. 7, 8, 9 o., 9 u. li., 9 u. re., 10 o., 10 u., 11 o., 11 u., 13, 15 u., 45 u.
Höltke, K. 93 u.
Hofmann, A. 59 o.
Klaus, S. 110
Langenberg, T. 115, 152
Mayer, R. 35 u., 67 u., 151 o.
Moning, C. 38, 39 o., 54, 71, 92, 102 u., 109, 137 o., 137 u., 149, 155 li.
Müller, I. 6
Pfützke, S. 87
Putze, M. 21 o., 32 u., 57, 58, 107
Römhild, M. 55, 56 o., 131, 144 o.
Ruddek, J. 114
Sacher, T. 88 u.
Schmaljohann, H. 59 u.
Schneider, J. 94, 156, 157
Thoma, M. 18, 68, 88 o.
Völkl, W. 25 o.
Weindorf, H. 136
Alle übrigen Fotos stammen von Hans-Joachim Fünfstück.

Tondateien

Sämtliche über die QR-Codes abrufbaren Tondateien stammen von Hans-Heiner Bergmann.